NOTE

SUR LA

DÉTERMINATION DU POINT

OBSERVÉ A L'AIDE

DE DEUX HAUTEURS EXTRA-MÉRIDIENNES

ET SUR LES

INFLUENCES DES ERREURS DE L'ESTIME ET DE L'OBSERVATION

PAR

Eugène BOITARD,
Ancien élève de l'École Polytechnique, ancien professeur à l'École Navale,
professeur d'Hydrographie.

PARIS,

GAUTHIER-VILLARS, IMPRIMEUR-LIBRAIRE
DU BUREAU DES LONGITUDES, DE L'ÉCOLE POLYTECHNIQUE,
SUCCESSEUR DE MALLET-BACHELIER,
Quai des Augustins, 55.

1873

PARIS. — IMPRIMERIE DE GAUTHIER-VILLARS,
Quai des Augustins, 55.

Dans les feuilles autographiées du Cours de Navigation que j'ai fait à l'École Navale (1855-1863), il y a, année 1863, une *Étude analytique de la Méthode abréviative de M. Louis Pagel;* cette étude renferme l'idée première du travail que je publie aujourd'hui.

Je donne les valeurs rigoureuses des coefficients des termes du premier et du second ordre dans le développement de l'angle au pôle d'un astre en fonction de la variation de la latitude du lieu d'observation. Ces valeurs étant exprimées, sous une forme très-simple, à l'aide des différences premières et secondes des logarithmes que l'on emploie dans le calcul usuel de l'angle au pôle par la formule de Borda, une *Méthode abréviative* permet de trouver les valeurs numériques des coefficients.

Je démontre que, dans le développement de la variation de l'angle au pôle, les termes d'un ordre supérieur au second sont négligeables si la hauteur vraie employée diffère de la hauteur méridienne, de $0°47',5$ au moins quand on emploie les Tables de logarithmes ($10''$) de François Callet, ou de $1°11',3$ au moins quand on emploie les Tables de logarithmes ($15''$) de M. V. Caillet, examinateur des Écoles d'Hydrographie.

J'expose la solution du *Problème de la Détermination du Point observé à l'aide de deux hauteurs extra-méridiennes,* et je trouve des formules simples qui permettent d'apprécier les *Influences des erreurs de l'estime et de l'observation sur la détermination du point observé;* de la discussion de ces formules on conclut le *Choix des époques d'observation.*

Enfin, dans un Appendice, je démontre la convergence de toutes les séries dont j'ai fait usage et je détermine les restes de ces séries dans le cas où, pour sommer, on s'y arrête aux termes du second ordre inclusivement.

Cette Note contient de nombreuses *Applications numériques;* toutes les formules démontrées sont vérifiées par le calcul.

Eugène Boitard.

Brest, 1873.

NOTE

SUR LA

DÉTERMINATION DU POINT

OBSERVÉ

A L'AIDE DE DEUX HAUTEURS EXTRA-MÉRIDIENNES.

I.

PRÉLIMINAIRES.

DIFFÉRENCE PREMIÈRE, DIFFÉRENCE SECONDE D'UN LOGARITHME SINUS, D'UN LOGARITHME COSINUS.

1. Soient x un arc quelconque, Δx une variation de l'arc x. On représente par $\Delta \log \sin x$, $\Delta \log \cos x$ les différences premières de $\log \sin x$, de $\log \cos x$; par $\Delta^2 \log \sin(x - \Delta x)$, $\Delta^2 \log \cos(x - \Delta x)$ les différences secondes de $\log \sin(x - \Delta x)$, de $\log \cos(x - \Delta x)$.

Par définition, on a

$$\Delta \log \sin x = \log \sin(x + \Delta x) - \log \sin x,$$

$$\Delta \log \cos x = \log \cos(x + \Delta x) - \log \cos x,$$

$$\Delta^2 \log \sin(x - \Delta x) = \Delta \log \sin x - \Delta \log \sin(x - \Delta x),$$

$$\Delta^2 \log \cos(x - \Delta x) = \Delta \log \cos x - \Delta \log \cos(x - \Delta x).$$

2. *Différence première de* $\log \sin x$. — De l'égalité

$$\Delta \log \sin x = \log \sin(x + \Delta x) - \log \sin x$$

on conclut successivement

$$\Delta \log \sin x = \log \frac{\sin(x + \Delta x)}{\sin x} = \log \frac{\sin x \cos \Delta x + \sin \Delta x \cos x}{\sin x},$$
$$\Delta \log \sin x = \log[\cos \Delta x (1 + \tang \Delta x \cot x)],$$
$$\Delta \log \sin x = \log \cos \Delta x + \log(1 + \tang \Delta x \cot x).$$

Le module qui sert à passer du système des logarithmes népériens au système des logarithmes décimaux étant $M = 0,4342945$, on a, pour un nombre quelconque y, l'égalité

$$\log(1 + y) = M \left(y - \frac{y^2}{2} + \frac{y^3}{3} - \frac{y^4}{4} + \ldots \right),$$

dont l'application à la valeur $\Delta \log \sin x$ donne

$$\Delta \log \sin x = \log \cos \Delta x + M \tang \Delta x \cot x - \frac{M}{2} \tang^2 \Delta x \cot^2 x + \ldots$$

3. *Différence seconde de* $\log \sin(x - \Delta x)$. — On a par définition
$$\Delta^2 \log \sin(x - \Delta x) = \Delta \log \sin x - \Delta \log \sin(x - \Delta x),$$
ou
$$\Delta^2 \log \sin(x - \Delta x) = [\log \sin(x + \Delta x) - \log \sin x] - [\log \sin x - \log \sin(x - \Delta x)].$$

On a trouvé précédemment
$$\log \sin(x + \Delta x) - \log \sin x = \log \cos \Delta x + M \tang \Delta x \cot x - \frac{M}{2} \tang^2 \Delta x \cot^2 x + \ldots;$$
on en conclut par analogie
$$\log \sin(x - \Delta x) - \log \sin x = \log \cos \Delta x - M \tang \Delta x \cot x - \frac{M}{2} \tang^2 \Delta x \cot^2 x - \ldots$$

La somme des deux dernières égalités donne
$$\Delta^2 \log \sin(x - \Delta x) = 2 \log \cos \Delta x - M \tang^2 \Delta x \cot^2 x - \frac{M}{2} \tang^4 \Delta x \cot^4 x - \ldots$$

4. La différence entre $\Delta \log \sin x$ et $\frac{1}{2} \Delta^2 \log \sin(x - \Delta x)$ est
$$\Delta \log \sin x - \frac{1}{2} \Delta^2 \log \sin(x - \Delta x) = M \tang \Delta x \cot x + \frac{M}{3} \tang^3 \Delta x \cot^3 x + \ldots$$

5. *Différence première de* $\log \cos x$; *différence seconde de* $\log \cos (x - \Delta x)$. — A l'aide de calculs analogues à ceux qui précèdent, on trouve

$$\Delta \log \cos x = \log \cos \Delta x - \mathrm{M} \, \mathrm{tang} \, \Delta x \, \mathrm{tang} \, x$$
$$- \frac{\mathrm{M}}{2} \, \mathrm{tang}^2 \Delta x \, \mathrm{tang}^2 x - \frac{\mathrm{M}}{3} \, \mathrm{tang}^3 \Delta x \, \mathrm{tang}^3 x - \dots ,$$

$$\Delta^2 \log \cos(x - \Delta x) = 2 \log \cos \Delta x - \mathrm{M} \, \mathrm{tang}^2 \Delta x \, \mathrm{tang}^2 x - \frac{\mathrm{M}}{2} \, \mathrm{tang}^4 \Delta x \, \mathrm{tang}^4 x - \dots .$$

6. La différence entre $\Delta \log \cos x$ et $\frac{1}{2} \Delta^2 \log \cos(x - \Delta x)$ est

$$\Delta \log \cos x - \tfrac{1}{2} \Delta^2 \log \cos(x - \Delta x) = - \mathrm{M} \, \mathrm{tang} \, \Delta x \, \mathrm{tang} \, x - \frac{\mathrm{M}}{3} \, \mathrm{tang}^3 \Delta x \, \mathrm{tang}^3 x - \dots .$$

7. *Une Table de logarithmes donne les valeurs* $\Delta \log \sin x$, $\Delta \log \cos x$, *pour une variation* Δx *égale à la différence de deux arcs consécutifs de la Table; on trouve les valeurs* $\Delta^2 \log \sin(x - \Delta x)$, $\Delta^2 \log \cos(x - \Delta x)$. — Les Tables de logarithmes de F. Callet donnent, avec sept décimales, les log sinus, les log cosinus des arcs de 10 en 10 secondes; toutes les différences premières des logarithmes sont inscrites.

On lit donc, dans les Tables de Callet, les valeurs $\Delta \log \sin x$, $\Delta \log \cos x$ pour la variation $\Delta x = + 10''$; pour ce même accroissement Δx, les valeurs $\Delta^2 \log \sin(x - \Delta x)$, $\Delta^2 \log \cos(x - \Delta x)$ sont les différences de deux différences premières consécutives.

Arcs.	Log sinus.	Différences premières pour $\Delta x = +10''$.	Différences secondes pour $\Delta x = +10''$.
0° 18′ 10″	7,7229993		
		+39662	
20	7,7269655		−360
		+39302	
30	7,7308957		−351
		+38951	
40	7,7347908		−348
		+38603	
50	7,7386511		

On a, d'après les définitions,

$$\Delta \log \sin 0° 18' 20'' = + 39302, \quad \Delta^2 \log \sin 0° 18' 10'' = + 39302 - 39662 = - 360.$$

Les différences premières sont positives si les logarithmes augmentent quand les arcs croissent; les différences secondes sont négatives si les différences premières diminuent quand les arcs croissent.

1.

8. Pour une variation $\Delta x = +10''$ de l'arc x, on a (n°s 4 et 6)

$$\Delta \log \sin x - \tfrac{1}{2}\Delta^2 \log \sin(x-10'') = \ \ \mathrm{M\,tang\,}10''\cot x \ - \frac{\mathrm{M}}{3}\,\mathrm{tang}^2 10''\,\cot^3 x \ +\ldots,$$

$$\Delta \log \cos x - \tfrac{1}{2}\Delta^2 \log \cos(x-10'') = -\mathrm{M\,tang\,}10''\,\mathrm{tang}\,x - \frac{\mathrm{M}}{3}\,\mathrm{tang}^2 10''\,\mathrm{tang}^3 x \ -\ldots,$$

$$\Delta^2 \log \sin(x-10'') = 2\log\cos 10'' - \mathrm{M\,tang}^2 10''\,\cot^2 x \ -\frac{\mathrm{M}}{2}\,\mathrm{tang}^4 10''\,\cot^4 x \ -\ldots,$$

$$\Delta^2 \log \cos(x-10'') = 2\log\cos 10'' - \mathrm{M\,tang}^2 10''\,\mathrm{tang}^2 x - \frac{\mathrm{M}}{2}\,\mathrm{tang}^4 10''\,\mathrm{tang}^4 x -\ldots.$$

9. *Limites des arcs pour lesquels on peut négliger les termes qui contiennent les puissances de* $\mathrm{tang}\,10''$ *supérieures à la seconde.* — On peut, dans les quatre expressions qui précèdent, négliger les termes qui contiennent les puissances de $\mathrm{tang}\,10''$ supérieures à la seconde, quand leur valeur est inférieure à une demi-unité du septième ordre décimal. Des inégalités

$$\frac{\mathrm{M}}{3}\,\mathrm{tang}^2 10''\,\cot^3 x < 0,00000005, \qquad \frac{\mathrm{M}}{3}\,\mathrm{tang}^2 10''\,\mathrm{tang}^3 x < 0,00000005,$$

on conclut, par un calcul logarithmique,

$$
\begin{aligned}
\log 0,00000015 &\ldots\ldots\ldots\ \overline{7},1760913\\
\mathrm{colog}(\mathrm{M}=0,4342945) &\ldots\ \ 0,3622157\\
\mathrm{colog\ tang}^3 10'' &\ldots\ldots\ldots\ 12,9432753\\
\hline
\log \cot^3 x &< 6,4815823
\end{aligned}
$$

$$\log \cot x < 2,1605274, \qquad \log \mathrm{tang}\,x < 2,1605274$$
$$x > 0°23'45'', \qquad\qquad x < 89°36'15''.$$

10. Ainsi, quand on emploie les Tables de logarithmes de Callet, l'arc x étant compris entre $0°23'45''$ et $89°36'15''$, on peut, pour une variation $\Delta x = +10''$ de l'arc x, écrire

$$\Delta \log \sin x - \tfrac{1}{2}\Delta^2 \log \sin(x-10'') = +\mathrm{M\,tang\,}10''\cot x,$$
$$\Delta \log \cos x - \tfrac{1}{2}\Delta^2 \log \cos(x-10'') = -\mathrm{M\,tang\,}10''\,\mathrm{tang}\,x,$$

et, si l'on considère que $2\log\cos 10''$ est une quantité négligeable,

$$\Delta^2 \log \sin(x-10'') = -\mathrm{M\,tang}^2 10''\,\cot^2 x,$$
$$\Delta^2 \log \cos(x-10'') = -\mathrm{M\,tang}^2 10''\,\mathrm{tang}^2 x.$$

11. Pour les Tables de logarithmes où les arcs se succèdent de 15 en 15 secondes, on trouve, de la même manière, que, l'arc x étant compris entre $0°35'37''$ et $89°24'23''$, on peut, pour une variation $\Delta x = +15''$ de l'arc x, écrire

$$\Delta \log \sin x - \tfrac{1}{2}\Delta^2 \log \sin(x-15'') = + M \tang 15'' \cot x,$$
$$\Delta \log \cos x - \tfrac{1}{2}\Delta^2 \log \cos(x-15'') = - M \tang 15'' \tang x,$$
$$\Delta^2 \log \sin(x-15'') = - M \tang^2 15'' \cot^2 x,$$
$$\Delta^2 \log \cos(x-15'') = - M \tang^2 15'' \tang^2 x.$$

12. Les Tables de logarithmes de M. V. Caillet, examinateur des Écoles d'hydrographie, donnent, avec six décimales, les log sinus, les log cosinus, les colog sinus, les colog cosinus des arcs de 15 en 15 secondes.

Entre 4 et 86 degrés, les différences premières pour $\Delta x = +15''$ sont inscrites avec sept décimales pour des arcs qui se succèdent de $3'45''$ en $3'45''$.

II.

EXPRESSION DE LA VARIATION DE L'ANGLE AU PÔLE D'UN ASTRE EN FONCTION DES VARIATIONS DE LA LATITUDE DU LIEU D'OBSERVATION ET DE LA HAUTEUR DE L'ASTRE OBSERVÉ.

13. Dans un lieu dont la latitude est l, dont la longitude est L, soient

h la hauteur vraie du centre. . .
δ la distance polaire. . . . . . .
P l'angle au pôle . . . .   de l'astre observé.
Z l'azimut. . . . .
A l'angle de position. . . . . . .

Des deux égalités fondamentales

$$\sin h = \sin l \cos \delta + \sin \delta \cos l \cos P,$$
$$\cos \delta = \sin l \sin h + \cos l \cos h \cos Z,$$

on conclut les deux formules usuelles dues à Borda pour les calculs de l'angle au pôle et de l'azimut d'un astre

$$\sin^2\frac{P}{2} = \frac{\cos s \sin(s-h)}{\sin\delta\cos l}, \quad \cos^2\frac{Z}{2} = \frac{\cos s \cos(s-\delta)}{\cos l \cos h},$$

formules dans lesquelles

$$l + \delta + h = 2s, \quad s < 90°, \quad s > h.$$

14. Les données du calcul de l'angle au pôle d'un astre sont la latitude du lieu d'observation, la distance polaire et la hauteur vraie du centre de l'astre observé.

La distance polaire de l'astre peut toujours être considérée comme exactement connue, car, en 1 minute, la variation maximum de la déclinaison solaire n'atteint pas 1 seconde, et la variation maximum de la déclinaison lunaire est 17 secondes environ.

La latitude du lieu d'observation et la hauteur vraie de l'astre peuvent être erronées; elles doivent être considérées comme deux variables indépendantes.

L'égalité $\sin h = \sin l \cos\delta + \sin\delta\cos l \cos P$ donne

$$P = f(l, h).$$

Si Δl, Δh sont des variations quelconques de la latitude et de la hauteur, si ΔP est la variation correspondante de l'angle au pôle,

$$P + \Delta P = f(l + \Delta l, h + \Delta h), \quad \Delta P = f(l + \Delta l, h + \Delta h) - f(l, h).$$

Si, les quantités ΔP, Δl, Δh étant exprimées à l'aide de la minute de degré, on applique la série de Taylor à deux variables, on obtient

$$\Delta P = \frac{dP}{dh}\Delta h + \frac{dP}{dl}\Delta l + \frac{\sin 1'}{2}\left(\frac{d^2P}{dh^2}\Delta h^2 + \frac{2\,d^2P}{dh\,dl}\Delta h\,\Delta l + \frac{d^2P}{dl^2}\Delta l^2\right)$$
$$+ \frac{\sin^2 1'}{1.2.3}\cdots$$

La variation ΔP étant exprimée en minutes de degré, il suffit de multiplier les coefficients du second membre par 4 pour que le premier membre ΔP représente des secondes de temps.

15. *Valeurs usuelles des coefficients.* — De la formule

$$\sin h = \sin l \cos \delta + \sin \delta \cos l \cos P,$$

dérivée en considérant successivement P comme fonction de la variable indépendante l et de la variable indépendante h, on conclut

$$\frac{d P}{dh} = -\frac{1}{\sin Z \cos l}, \qquad \frac{d P}{dl} = \frac{\cot Z}{\cos l},$$

$$\frac{d^2 P}{dh^2} = \frac{\cot A \cot Z}{\sin \delta \cos l \sin P}, \qquad \frac{d^2 P}{dl^2} = \frac{\cot Z}{\cos l}\, \mathrm{tang}\, l - \frac{\cot P}{\sin^2 Z \cos^2 l},$$

$$\frac{d^2 P}{dh\, dl} = \frac{-\cos A}{\sin P \sin^2 Z \cos^2 l}.$$

16. On a donc l'égalité

$$\Delta P' = -\frac{4\,\Delta h}{\sin Z \cos l} + \frac{4 \cot Z}{\cos l}\,\Delta l$$

$$+ \frac{\sin 1'}{2}\left[\frac{4 \cot A \cot Z}{\sin \delta \cos l \sin P}\,\Delta h^2 - \frac{8 \cos A\,\Delta h\,\Delta l}{\sin P \sin^2 Z \cos^2 l} + \left(\frac{4 \cot Z}{\cos l}\,\mathrm{tang}\, l - \frac{4 \cot P}{\sin^2 Z \cos^2 l}\right)\Delta l^2\right]$$

$$+ \frac{\sin^2 1'}{1.2.3}\cdots$$

17. Nous poserons, pour abréger,

$$4\,\frac{d P}{dl} = a, \qquad 4\,\frac{d P}{dh} = c,$$

$$\tfrac{1}{2}\sin 1'\left(4\,\frac{d^2 P}{dl^2}\right) = a', \quad \tfrac{1}{2}\sin 1'\left(4\,\frac{d^2 P}{dh^2}\right) = c', \quad \tfrac{1}{2}\sin 1'\left(4\,\frac{d^2 P}{dh\, dl}\right) = c'';$$

nous poserons encore

$$\Delta l = Y, \quad \Delta h = S.$$

La variation de l'angle au pôle en fonction des variations de la latitude et de la hauteur sera

$$\Delta P' = aY + cS + (a'Y^2 + 2c''YS + c'S^2) + \ldots,$$

expression dans laquelle ΔP et les coefficients a, c, a', c', c'',... sont exprimés à l'aide de la seconde de temps, dans laquelle Y, S sont des nombres de minutes du degré.

18. *Valeur nouvelle du coefficient* $a = \dfrac{4\,dP}{dl}$. — La formule usuelle de Borda pour le calcul de l'angle au pôle est, en posant $l + \delta + h = 2s$,

$$\sin^2 \frac{P}{2} = \frac{\cos s \sin(s - h)}{\sin \delta \cos l} \quad \text{ou} \quad \sin \delta \cos l \sin^2 \frac{P}{2} = \cos s \sin(s - h).$$

Si l'on considère P comme fonction de la variable indépendante l, on obtient, en dérivant,

$$\sin \delta \cos l \sin \frac{P}{2} \cos \frac{P}{2} \frac{dP}{dl} - \sin \delta \sin l \sin^2 \frac{P}{2} = \frac{\cos s \cos(s - h)}{2} - \frac{\sin s \sin(s - h)}{2},$$

ou, en divisant le premier membre par $\sin \delta \cos l \sin^2 \dfrac{P}{2}$ et le second par $\cos s \sin(s - h)$,

$$2 \cot \frac{P}{2} \frac{dP}{dl} = 2 \tang l - \tang s + \cot(s - h).$$

19. *Valeur nouvelle du coefficient* $\dfrac{d^2 P}{dl^2}$. — Si, dans l'égalité

$$2 \cot \frac{P}{2} \frac{dP}{dl} = 2 \tang l - \tang s + \cot(s - h),$$

on considère P comme fonction de la variable indépendante l, on obtient, en dérivant,

$$2 \cot \frac{P}{2} \frac{d^2 P}{dl^2} = \frac{1}{\sin^2 \frac{P}{2}} \left(\frac{dP}{dl} \right)^2 + \frac{2}{\cos^2 l} - \frac{1}{2 \cos^2 s} - \frac{1}{2 \sin^2(s - h)},$$

ou

$$2 \cot \frac{P}{2} \frac{d^2 P}{dl^2} = \frac{1}{\sin^2 \frac{P}{2}} \left(\frac{dP}{dl} \right)^2 + \frac{2(\sin^2 l + \cos^2 l)}{\cos^2 l}$$

$$- \frac{\sin^2 s + \cos^2 s}{2 \cos^2 s} - \frac{\sin^2(s - h) + \cos^2(s - h)}{2 \sin^2(s - h)},$$

égalité de laquelle on conclut

$$4 \cot \frac{P}{2} \frac{d^2P}{dl^2} = 4 \tan^2 l - \tan^2 s - \cot^2(s - h) + 2 + \frac{2}{\sin^2 \frac{P}{2}} \left(\frac{dP}{dl}\right)^2.$$

20. *Nota.* — La valeur usuelle du coefficient $\frac{d^2P}{dl^2}$ est

$$\frac{d^2P}{dl^2} = \frac{\cot Z}{\cos l} \tan l - \frac{\cot P}{\sin^2 Z \cos^2 l}.$$

On peut, pour modifier la forme de cette expression, écrire

$$\frac{d^2P}{dl^2} = \frac{\cot Z}{\cos l} \tan l - \frac{\cot P(\sin^2 Z + \cos^2 Z)}{\sin^2 Z \cos^2 l},$$

ou

$$\frac{d^2P}{dl^2} = \frac{\cot Z}{\cos l} \tan l - \frac{\cot P}{\cos^2 l} - \cot P \left(\frac{dP}{dl}\right)^2.$$

21. *Valeur nouvelle du coefficient* $c = 4 \dfrac{dP}{dh}$. — Si, dans l'égalité

$$\sin \delta \cos l \sin^2 \frac{P}{2} = \cos s \sin(s - h),$$

on considère P comme fonction de la variable indépendante h, on obtient, en dérivant,

$$2 \cot \frac{P}{2} \frac{dP}{dh} = - \tan s - \cot(s - h).$$

Le calcul est analogue à celui qui sert pour déterminer la valeur nouvelle du coefficient $\frac{dP}{dl}$.

III.

DÉTERMINATION, EN FONCTION DES DIFFÉRENCES LOGARITHMIQUES, DES COEFFICIENTS
a, a', c DE LA VARIATION ΔP DE L'ANGLE AU PÔLE. — MOYEN DIRECT DE CALCULER
LES COEFFICIENTS a, a', c. — MÉTHODE ABRÉVIATIVE. — EXEMPLES NUMÉRIQUES.

22. La formule usuelle de Borda pour le calcul de l'angle au pôle
d'un astre est

$$\sin^2\frac{P}{2} = \frac{\cos s \sin(s-h)}{\sin \delta \cos l}, \quad l + \delta + h = 2s.$$

L'emploi du calcul par logarithmes donne

$$2\log \sin \frac{P}{2} = \log \cos s + \log \sin (s-h) - \log \sin \delta - \log \cos l.$$

23. *Variation du log sinus du demi-angle au pôle d'un astre quand la
latitude du lieu d'observation varie.* — Considérons, dans l'égalité qui
précède, P comme fonction de la variable indépendante l.

Si la latitude l reçoit l'accroissement quelconque Δl, les quantités s,
$s - h$ prennent l'accroissement $\frac{\Delta l}{2}$ et, ΔP représentant la variation correspondante de l'angle au pôle P, on a

$$2\log \sin \tfrac{1}{2}(P + \Delta P)$$
$$= \log \cos \left(s + \frac{\Delta l}{2}\right) + \log \sin \left(s - h + \frac{\Delta l}{2}\right) - \log \sin \delta - \log \cos (l + \Delta l).$$

En retranchant membre à membre les deux dernières égalités, la première de la seconde, on obtient

$$2\Delta \log \sin \frac{P}{2} = \left. \begin{array}{l} \Delta \log \cos s \\[4pt] + \Delta \log \sin (s-h) \end{array} \right\} \text{pour l'accroissement } \frac{\Delta l}{2}.$$

$$- \Delta \log \cos l \qquad \text{pour l'accroissement } \Delta l.$$

24. Pour pouvoir lire dans une Table de logarithmes les différences logarithmiques de l'égalité qui précède, il faut que $\frac{\Delta l}{2}$ ait pour valeur la différence des arcs successifs de cette Table.

Si l'on emploie les Tables où les arcs se succèdent de $10''$ en $10''$, on pose $\Delta l = 20''$.

Si l'on emploie les Tables où les arcs se succèdent de $15''$ en $15''$, on pose $\Delta l = 30''$.

25. *Valeur du coefficient* $a = 4\dfrac{d\mathrm{P}}{dl}$. — Supposons, pour fixer les idées, qu'on emploie les Tables de logarithmes de François Callet dans lesquelles les arcs se succèdent de $10''$ en $10''$. Posons, pour une variation $\Delta l = +20''$,

$$p = \Delta \log \cos s + \Delta \log \sin (s - h) - \Delta \log \cos l,$$
$$p_2 = \Delta^2 \log \cos (s - 10'') + \Delta^2 \log \sin (s - h - 10'') - \Delta^2 \log \cos (l - 20'').$$

D'après ce qui a été dit (**10**) sur les différences logarithmiques des $\log$ sinus et des $\log$ cosinus, si, dans le calcul de l'angle au pôle, les arcs s, $s - h$ sont compris entre $0°\,23'\,45''$ et $89°\,36'\,15''$, on a

$$\Delta \log \cos s - \tfrac{1}{2}\Delta^2 \log \cos (s - 10'') = - \mathrm{M} \, \mathrm{tang} \, 10'' \, \mathrm{tang} \, s,$$
$$\Delta \log \sin (s - h) - \tfrac{1}{2}\Delta^2 \log \sin (s - h - 10'') = + \mathrm{M} \, \mathrm{tang} \, 10'' \, \cot (s - h),$$
$$- \Delta \log \cos l + \tfrac{1}{2}\Delta^2 \log \cos (l - 20'') = + \mathrm{M} \, \mathrm{tang} \, 20'' \, \mathrm{tang} \, l.$$

La somme de ces trois égalités donne

$$p - \tfrac{1}{2}p_2 = \mathrm{M} \, \mathrm{tang} \, 20'' \, \mathrm{tang} \, l - \mathrm{M} \, \mathrm{tang} \, 10'' \, \mathrm{tang} \, s + \mathrm{M} \, \mathrm{tang} \, 10'' \, \cot (s - h).$$

La latitude l n'atteignant pas d'ordinaire plus de 80 degrés, on peut poser

$$\mathrm{M} \, \mathrm{tang} \, 20'' \, \mathrm{tang} \, l = 2 \mathrm{M} \, \mathrm{tang} \, 10'' \, \mathrm{tang} \, l,$$

et l'on a

$$p - \tfrac{1}{2}p_2 = \mathrm{M} \, \mathrm{tang} \, 10'' [2 \, \mathrm{tang} \, l - \mathrm{tang} \, s + \cot (s - h)].$$

Mais on a démontré (**18**) l'égalité

$$2 \cot \frac{\mathrm{P}}{2} \frac{d\mathrm{P}}{dl} = 2 \, \mathrm{tang} \, l - \mathrm{tang} \, s + \cot (s - h);$$

donc on a

$$p - \tfrac{1}{2}p_2 = 2 \mathrm{M} \, \mathrm{tang} \, 10'' \cot \frac{\mathrm{P}}{2} \frac{d\mathrm{P}}{dl}.$$

$$(\ 12 \ )$$

26. D'autre part, si l'angle $\dfrac{P}{2}$ est compris entre $0^\circ\, 23'\, 45''$ et $89^\circ\, 36'\, 15''$, on peut écrire (10), pour une variation de P égale à $\Delta P = + 20''$,

$$\Delta \log \sin \frac{P}{2} - \tfrac{1}{2}\Delta^2 \log \sin \left(\frac{P}{2} - 10'' \right) = + M \, \text{tang}\, 10'' \cot \frac{P}{2}.$$

Si, pour $\Delta P = + 20''$, on pose

$$\Delta \log \sin \frac{P}{2} = d, \quad \Delta^2 \log \sin \left(\frac{P}{2} - 10'' \right) = d_1,$$

on a

$$d - \tfrac{1}{2} d_2 = + M \, \text{tang}\, 10'' \cot \frac{P}{2}.$$

En divisant terme à terme les deux égalités

$$p - \tfrac{1}{2} p_2 = 2 M \, \text{tang}\, 10'' \cot \frac{P}{2} \frac{dP}{dl},$$

$$d - \tfrac{1}{2} d_2 = \ \ M \, \text{tang}\, 10'' \cot \frac{P}{2},$$

on conclut

$$\frac{2p - p_2}{d - \tfrac{1}{2} d_2} = a = 4 \frac{dP}{dl}.$$

27. Si l'on emploie les Tables de logarithmes dans lesquelles les arcs se succèdent de $15''$ en $15''$, on pose, pour une variation $\Delta l = + 30''$,

$$p = \Delta \log \cos s + \Delta \log \sin (s - h) - \Delta \log \cos l,$$
$$p_2 = \Delta^2 \log \cos (s - 15'') + \Delta^2 \log \sin (s - h - 15'') - \Delta^2 \log \cos (l - 30'').$$

On pose encore, pour un accroissement $\Delta P = + 30''$,

$$\Delta \log \sin \frac{P}{2} = d, \quad \Delta^2 \log \sin \left(\frac{P}{2} - 15'' \right) = d_2.$$

Les arcs $\dfrac{P}{2}$, s, $s - h$ étant compris entre $0^\circ\, 35'\, 37''$ et $89^\circ\, 24'\, 23''$, des calculs complétement semblables à ceux qui précèdent donnent

$$a = 4 \frac{dP}{dl} = \frac{2p - p_2}{d - \tfrac{1}{2} d_2}.$$

28. *Valeur du coefficient* $c = 4\dfrac{d\mathrm{P}}{dh}$. — Si, pour un accroissement $\dfrac{\Delta h}{2}$ ou $\dfrac{\Delta \mathrm{P}}{2}$ égal à la différence de deux arcs successifs de la Table de logarithmes qu'on emploie, on pose

$$q = \Delta \log \cos s + \Delta \log \sin (s - h),$$

$$q_2 = \Delta^2 \log \cos \left(s + \frac{\Delta h}{2}\right) + \Delta^2 \log \sin \left(s - h - \frac{\Delta h}{2}\right),$$

$$d = \Delta \log \sin \frac{\mathrm{P}}{2}, \quad d_2 = \Delta^2 \log \sin \left(\frac{\mathrm{P}}{2} - \frac{\Delta \mathrm{P}}{2}\right),$$

on obtient, à l'aide de calculs analogues à ceux qui précèdent,

$$c = 4\frac{d\mathrm{P}}{dh} = \frac{2q - q_2}{d - \frac{1}{2}d_2}.$$

29. *Valeur du coefficient* $a' = \frac{1}{2}\sin 1'\left(4\dfrac{d^2\mathrm{P}}{dl^2}\right)$. — Supposons, pour fixer les idées, qu'on emploie les Tables de logarithmes de François Callet, dans lesquelles les arcs se succèdent de $10''$ en $10''$.

Si, les arcs s, $s - h$ étant compris entre $0° 23' 45''$ et $89° 36' 15''$, on pose $\Delta l = + 20''$, on a **(10)**

$$\Delta^2 \log \cos (s - 10'') = - \mathrm{M} \tan^2 10'' \tan^2 s,$$

$$\Delta^2 \log \sin (s - h - 10'') = - \mathrm{M} \tan^2 10'' \cot^2 (s - h),$$

$$- \Delta^2 \log \cos (l - 20'') = + \mathrm{M} \tan^2 20'' \tan^2 l.$$

La latitude étant d'ordinaire inférieure à 80 degrés, on peut poser

$$\mathrm{M} \tan^2 20'' \tan^2 l = 4\mathrm{M} \tan^2 10'' \tan^2 l;$$

alors la somme des trois égalités qui précèdent donne

$$p_2 = + \mathrm{M} \tan^2 10'' \left[4 \tan^2 l - \tan^2 s - \cot^2 (s - h)\right],$$

ou, à cause **(26)** de l'égalité $d - \frac{1}{2}d_2 = \mathrm{M} \tan 10'' \cot \dfrac{\mathrm{P}}{2}$,

$$\frac{p_2}{d - \frac{1}{2}d_2} = \tan 10'' \tan \frac{\mathrm{P}}{2} \left[4 \tan^2 l - \tan^2 s - \cot^2 (s - h)\right].$$

Or on a démontré (19) l'égalité

$$\cot \frac{P}{2}\left(4\frac{d^2P}{dl^2}\right) = \left[4\tang^2 l - \tang^2 s - \cot^2(s-h)\right] + 2 + \frac{1}{8\sin^2\frac{P}{2}}\left(4\frac{dP}{dl}\right)^2,$$

qu'on peut écrire

$$\tfrac{1}{2}\sin \iota'\left(4\frac{d^2P}{dl^2}\right)$$

$$= \tfrac{1}{2}\sin \iota'\,\tang\frac{P}{2}\left[4\tang^2 l - \tang^2 s - \cot^2(s-h)\right] + \sin \iota'\,\tang\frac{P}{2} + \frac{\sin \iota'}{8\sin P}\left(4\frac{dP}{dl}\right)^2,$$

ou, parce qu'on peut sans erreur sensible poser $\tang 10'' = \tfrac{1}{6}\sin \iota'$,

$$a' = \tfrac{1}{2}\sin \iota'\left(4\frac{d^2P}{dl^2}\right) = \frac{3p_2}{d-\tfrac{1}{2}d_2} + \sin \iota'\,\tang\frac{P}{2} + \frac{\sin \iota'}{8\sin P}\left(4\frac{dP}{dl}\right)^2.$$

30. L'égalité (15)

$$a' = \tfrac{1}{2}\sin \iota'\left(4\frac{d^2P}{dl^2}\right) = \tfrac{1}{2}\sin \iota'\left(\frac{4\cot Z}{\cos l}\tang l - \frac{4\cot P}{\sin^2 Z \cos^2 l}\right)$$

indique que la valeur du coefficient a' diminue à mesure que l'observation est faite plus loin du méridien supérieur.

Elle indique aussi que, pour une observation voisine du méridien, le coefficient a' est d'autant plus petit que l'astre considéré culmine plus près du zénith.

Pour l'emploi des différences logarithmiques, quand on se sert des Tables de Callet, les arcs $\frac{P}{2}$, s, $s-h$ doivent rester compris entre $0°23'45''$ et $89°36'15''$. La hauteur maximum à observer diffère donc de la hauteur méridienne de $0°47',5$; l'observation extrême est voisine du méridien, mais est faite à une distance finie du méridien.

Le coefficient a' est toujours très-petit.

Dans tous les cas, la valeur du coefficient a' est

$$a' = \tfrac{1}{2}\sin \iota'\left(4\frac{d^2P}{dl^2}\right) = \frac{3p_2}{d-\tfrac{1}{2}d_2} + \sin \iota'\,\tang\frac{P}{2} + \frac{\sin \iota'}{8\sin P}\left(4\frac{dP}{dl}\right)^2,$$

ou, parce que P est voisin de zéro,

$$a = 4\frac{d\mathrm{P}}{dl}, \quad a' = \frac{3p_2}{d - \frac{1}{2}d_2} + \frac{a^2 \sin 1'}{16 \sin \frac{\mathrm{P}}{2}}.$$

31. On a (20) indiqué la valeur de $\frac{d^2\mathrm{P}}{dl^2}$ sous la forme

$$\frac{d^2\mathrm{P}}{dl^2} = \frac{\cot Z}{\cos l}\,\tan l - \frac{\cot \mathrm{P}}{\cos^2 l} - \cot \mathrm{P}\left(\frac{d\mathrm{P}}{dl}\right)^2.$$

On tire de cette égalité, $\frac{d\mathrm{P}}{dl} = \frac{\cot Z}{\cos l}$,

$$\frac{d^2\mathrm{P}}{dl^2} = -\cot \mathrm{P}\left(\frac{d\mathrm{P}}{dl}\right)^2\left[1 - \frac{\cot Z \sin l - \cot \mathrm{P}}{\cot \mathrm{P}\cot^2 Z}\right],$$

ou encore

$$\frac{d^2\mathrm{P}}{dl^2} = -\frac{1}{\sin \mathrm{P}}\left(\frac{d\mathrm{P}}{dl}\right)^2\left[1 - 2\sin^2\frac{\mathrm{P}}{2} - \sin \mathrm{P}\,\tan Z\left(\sin l - \frac{\tan Z}{\tan \mathrm{P}}\right)\right].$$

A un instant quelconque du mouvement diurne, on a $\frac{\sin Z}{\sin \mathrm{P}} = \frac{\sin \delta}{\cos h}$. La hauteur maximum à observer différant, quand on se sert des Tables de Callet, de $0^\circ 47',5$ de la hauteur méridienne, le rapport $\frac{\sin \delta}{\cos h}$ a, dans les calculs, une valeur finie, même au cas où l'astre culmine au zénith; on a $\frac{\sin \delta}{\cos(\mathrm{H} - 0^\circ 47',5)} = 72$ dans le cas défavorable où $\mathrm{H} = 90^\circ$, $\delta = 90^\circ$.

Le rapport $\frac{\sin Z}{\sin \mathrm{P}}$ et par suite le rapport $\frac{\tan Z}{\tan \mathrm{P}}$ ont donc toujours une valeur finie, laquelle décroît rapidement quand la hauteur diminue.

Lors donc que l'astre ne culmine pas très-près du zénith, on peut regarder, pour une observation voisine du méridien, la quantité

$$2\sin^2\frac{\mathrm{P}}{2} + \sin \mathrm{P}\,\tan Z\left(\sin l - \frac{\tan Z}{\tan \mathrm{P}}\right)$$

comme négligeable, et poser

$$\frac{d^2\mathrm{P}}{dl^2} = -\frac{1}{\sin \mathrm{P}}\left(\frac{d\mathrm{P}}{dl}\right)^2 \quad \text{ou} \quad \frac{1}{2}\sin 1'\left(4\frac{d^2\mathrm{P}}{dl^2}\right) = -\frac{\sin 1'}{8\sin \mathrm{P}}\left(4\frac{d\mathrm{P}}{dl}\right)^2.$$

Si l'on considère l'égalité précédemment obtenue

$$a' = \tfrac{1}{2}\sin 1'\left(4\frac{d^2P}{dl^2}\right) = \frac{3p_2}{d - \tfrac{1}{2}d_2} + \frac{\sin 1'}{8\sin P}\left(4\frac{dP}{dl}\right)^2,$$

on conclut

$$a' = \frac{3p_2}{2d - d_2}.$$

32. *En résumé*, quand on se sert des Tables de Callet, la valeur du coefficient a' est, dans tous les cas, indiquée par la formule

$$a' = \frac{3p_2}{d - \tfrac{1}{2}d_2} + \frac{a^2\sin 1'}{16\sin\dfrac{P}{2}}, \quad a = \left(4\frac{dP}{dl}\right).$$

Si l'astre ne culmine pas très-près du zénith, et c'est le cas le plus ordinaire, on peut donner au coefficient a' la forme

$$a' = \frac{3p_2}{2d - d_2}.$$

33. Si l'on se sert des Tables de logarithmes dans lesquelles les arcs se succèdent de $15''$ en $15''$, les arcs $\dfrac{P}{2}$, s, $s - h$ doivent, quand on veut employer les différences logarithmiques, être compris entre $0°35',5$ et $89°24',4$; la hauteur maximum observable diffère de $1°11'$ de la hauteur méridienne.

Dans des calculs analogues aux précédents, on trouverait le coefficient $\tan g\, 15''$ au lieu du coefficient $\tan g\, 10''$, et l'on poserait

$$\tan g\, 15'' = \tfrac{1}{4}\sin 1'.$$

La valeur du coefficient a' est, dans tous les cas,

$$a' = \tfrac{1}{2}\sin 1'\left(4\frac{d^2P}{dl^2}\right) = \frac{2p_2}{d - \tfrac{1}{2}d_2} + \frac{a^2\sin 1'}{16\sin\dfrac{P}{2}},$$

et, si l'astre ne culmine pas très-près du zénith,

$$a' = \frac{p_2}{d - \tfrac{1}{2}d_2}.$$

34. Dans les Tables de logarithmes de M. V. Caillet, les différences premières, pour une différence de $15''$ dans les arcs, sont indiquées pour des arcs distants les uns des autres de $3'45''$ ou $15 \times 15''$. Une différence seconde obtenue dans les Tables, c'est-à-dire la différence de deux différences premières consécutives, doit être divisée par 15.

Si, comme dans ce qui précède, on appelle p, d les différences premières, p_2, d_2 les différences secondes lues dans les Tables, on a, dans tous les cas,

$$a = 4\frac{d\mathrm{P}}{dl} = \frac{2p - \dfrac{p_2}{15}}{d - \dfrac{d_2}{30}}, \qquad a' = \frac{2p_2}{15\left(d - \dfrac{d_2}{30}\right)} + \frac{a^2 \sin 1'}{16 \sin \dfrac{\mathrm{P}}{2}}.$$

Si l'astre considéré ne culmine pas très-près du zénith, on peut calculer a' à l'aide de la formule

$$a' = \frac{p_2}{15\left(d - \dfrac{d_2}{30}\right)}.$$

35. *Moyen direct de calculer les coefficients a, a'.* — Si l'on considère P comme fonction de la variable indépendante l, on a

$$\Delta \mathrm{P} = a\,\mathrm{Y} + a'\,\mathrm{Y}^2 + a''\,\mathrm{Y}^3 + a'''\,\mathrm{Y}^4 + \ldots.$$

Si l'on fait successivement $\mathrm{Y} = +1'$, $\mathrm{Y} = -1'$, on obtient

$$\Delta\mathrm{P}\ (\text{pour } \mathrm{Y} = +1') = a + a' + a'' + a''' + \ldots,$$
$$\Delta\mathrm{P}\ (\text{pour } \mathrm{Y} = -1') = -a + a' - a'' + a''' - \ldots,$$

d'où, en faisant la somme et la différence,

$$\Delta\mathrm{P}\ (\text{pour } \mathrm{Y} = +1') + \Delta\mathrm{P}\ (\text{pour } \mathrm{Y} = -1') = 2a' + 2a''' + \ldots,$$
$$\Delta\mathrm{P}\ (\text{pour } \mathrm{Y} = +1') - \Delta\mathrm{P}\ (\text{pour } \mathrm{Y} = -1') = 2a + 2a'' + \ldots$$

Si, quand on emploie les Tables de Callet, les arcs $\dfrac{\mathrm{P}}{2}$, s, $s - h$ sont compris entre $0°23'45''$ et $89°36'15''$, ou si, quand on emploie les Tables

3

de **M. V. Caillet**, les arcs $\frac{P}{2}$, s, $s - h$ sont compris entre $0°35'37''$ et $89°24'23''$, les coefficients a'', a''', ... sont négligeables, et l'on a

$$2a = \Delta P \ (\text{pour } Y = + 1') - \Delta P \ (\text{pour } Y = - 1'),$$
$$2a' = \Delta P \ (\text{pour } Y = + 1') + \Delta P \ (\text{pour } Y = - 1').$$

36. *Exemple I.* — Soient

$$h = 16°10', \quad \delta = 112°44', \quad l = 50°18'$$

les données d'un calcul d'angle au pôle.

On fait trois calculs avec l, $l + 1'$, $l - 1'$:

$h =$	$16°10'$		$16°10'$		$16°10'$	
$\delta =$	112.44	col sin... $0,0351215$	112.44	$0,0351215$	112.44	$0,0351215$
$l =$	50.18	col cos... $0,1946570$	50.17	$0,1945049$	50.19	$0,1948092$
$2s =$	179.12		179.11		179.13	
$s =$	89.36	log cos... $7,8439338$	$89.35,5$	$7,8528885$	$89.36,5$	$7,8347906$
$s - h =$	73.26	log sin... $9,9815870$	$73.25,5$	$9,9815682$	$73.26,5$	$9,9816057$
	Somme.	$18,0552993$		$18,0640831$		$18,0463270$

$$\log \sin \frac{P}{2} = 9,0276496 \qquad \log \sin \frac{P'}{2} = 9,0320415 \qquad \log \sin \frac{P''}{2} = 9,0231635$$

$$\frac{P}{2} = 6°07'04'',21 \qquad \frac{P'}{2} = 6°10'48'',93 \qquad \frac{P''}{2} = 6°03'17'',03$$

$$P = 0^h 48^m 56^s,56 \qquad P' = 0^h 49^m 26^s,52 \qquad P'' = 0^h 48^m 26^s,27$$

On obtient

$$P' - P = + 0^m 29^s,96, \quad P'' - P = - 0^m 30^s,29,$$

d'où l'on conclut

$$a = - 30^s,12, \quad a' = - 0^s,16.$$

37. *Exemple II.* — Soient

$$h = 88°42', \quad \delta = 66°, \quad l = 24°30'$$

les données d'un calcul d'angle au pôle.

On fait trois calculs avec l, $l + 1'$, $l - 1'$:

$$
\begin{array}{lll|lll|lll}
h = 88^\circ 42' & & & 88^\circ 42' & & & 88^\circ 42' & & \\
\delta = 66.\,0 & \text{col sin}\ldots & 0,0392698 & 66.\,0 & & 0,0392698 & 66.\,0 & & 0,0392698 \\
l = 24.30 & \text{col cos}\ldots & 0,0409771 & 24.29 & & 0,0409195 & 24.31 & & 0,0410347 \\
\hline
2s = 179.12 & & & 179.11 & & & 179.13 & & \\
s = 89.36 & \text{log cos}\ldots & 7,8439338 & 89.35,5 & & 7,8528885 & 89.36 & & 7,8347906 \\
s - h = 0.54 & \text{log sin}\ldots & 8,1961020 & 0.53,5 & & 8,1920624 & 0.54,5 & & 8,2001044 \\
\end{array}
$$

Somme. $16,1202827 \qquad 16,1251402 \qquad 16,1151995$

$$\log \sin \frac{P}{2} = 8,0601413 \qquad \log \sin \frac{P'}{2} = 8,0625701 \qquad \log \sin \frac{P''}{2} = 8,0575997$$

$$\frac{P}{2} = 0^\circ 39' 29'',06 \qquad \frac{P'}{2} = 0^\circ 39' 42'',35 \qquad \frac{P''}{2} = 0^\circ 39' 15'',24$$

$$P = 0^h 05^m 15^s,87 \qquad P' = 0^h 05^m 17^s,65 \qquad P'' = 0^h 05^m 14^s,03$$

On obtient

$$P' - P = + 1^s,77, \quad P'' - P = - 1^s,84,$$

d'où l'on conclut

$$a = - 1^s,81, \quad a' = - 0^s,04.$$

38. On calculerait directement, d'une manière analogue, les coefficients c, c'.

39. *Méthode abréviative pour déterminer les coefficients a, a'.* — La formule usuelle de Borda pour le calcul de l'angle au pôle est

$$\sin^2 \frac{P}{2} = \frac{\cos s \sin (s - h)}{\sin \delta \cos l}, \quad l + \delta + h = 2s.$$

Le calcul par logarithmes donne

$$2 \log \sin \frac{P}{2} = \text{col} \sin \delta + \text{col} \cos l + \log \cos s + \log \sin (s - h).$$

En prenant col cos *l dans la Table de logarithmes*, on lit la différence première correspondante x; on la double, ou mieux on prend la somme de deux différences premières consécutives; on lui donne toujours le signe $+$.

La quantité x a pour valeur la différence entre le logarithme lu et celui qui le suit dans le sens où les arcs croissent.

On obtient x' en faisant la différence de deux différences premières consécutives, c'est-à-dire la différence entre x et la différence première qui précède dans le sens où croissent les arcs. On double x'; on lui donne toujours le signe $+$.

En prenant $\log \cos s$ *dans la Table de logarithmes,* on lit la différence première correspondante y; on lui donne toujours le signe $-$.

On obtient y' en faisant la différence entre y et la différence première qui précède dans le sens où croissent les arcs; on lui donne toujours le signe $-$.

En prenant $\log \sin (s - h)$ *dans la Table de logarithmes,* on lit la différence première correspondante z; on lui donne toujours le signe $+$.

On obtient z' en faisant la différence entre z et la différence première qui précède dans le sens où croissent les arcs; on lui donne toujours le signe $-$.

En prenant, dans la Table de logarithmes, l'arc correspondant à $\log \sin \dfrac{P}{2}$, on lit la différence première d correspondant au log sinus qui approche le plus en moins de $\log \sin \dfrac{P}{2}$; on lui donne toujours le signe $+$.

On obtient d_2 en faisant la différence entre d et la différence première qui précède dans le sens où croissent les arcs; on lui donne toujours le signe $-$.

40. Nous posons, d'après la notation adoptée (25), en mettant les signes en évidence,

$$p = 2x + z - y, \quad p_2 = 2x' - z' - y'.$$

Quand on emploie les Tables de Callet, dans lesquelles les arcs se succèdent de $10''$ en $10''$, les arcs $\dfrac{P}{2}$, s, $s - h$ doivent être compris entre $0° 23' 45''$ et $89° 36' 15''$. Les valeurs numériques de a, a' sont

$$a = \frac{2p - p_2}{d - \frac{1}{2}d_2}, \quad a' = \frac{3p_2}{d - \frac{1}{2}d_2} + \frac{a^2 \sin 1'}{16 \sin \dfrac{P}{2}},$$

et, si l'astre ne culmine pas très-près du zénith, le coefficient a' peut prendre la forme

$$a' = \frac{3p_2}{2d - d_2}.$$

41. Quand on emploie les Tables de logarithmes dans lesquelles les arcs se succèdent de $15''$ en $15''$, les arcs $\frac{P}{2}$, s, $s - h$ doivent être compris entre $0°35',5$ et $89°24',4$. Les valeurs numériques de a, a' sont

$$a = \frac{2p - p_2}{d - \frac{1}{2}d_2}, \quad a' = \frac{2p_2}{d - \frac{1}{2}d_2} + \frac{a^2 \sin 1'}{16 \sin \frac{P}{2}},$$

et, si l'astre ne culmine pas très-près du zénith, le coefficient a' peut prendre la forme

$$a' = \frac{p_2}{d - \frac{1}{2}d_2}.$$

Quand on se sert des Tables de logarithmes de M. V. Caillet, dans lesquelles les différences premières sont inscrites pour des arcs distants de $3'45''$, les quantités p_2, d_2 doivent être divisées par 15.

42. *Méthode abréviative pour déterminer le coefficient c.* — On pose, en mettant les signes en évidence,

$$q = -y - z, \quad q_1 = -y' - z'.$$

La valeur numérique du coefficient c est

$$c = \frac{2q - q_2}{d - \frac{1}{2}d_2}.$$

43. M. Louis Pagel, officier de vaisseau, a, le premier, dans un Mémoire inséré aux *Annales maritimes* du mois de décembre 1847, indiqué la méthode abréviative pour déterminer les valeurs numériques

$$a = \frac{2p}{d}, \quad c = \frac{2q}{d},$$

dans le cas où les différences logarithmiques secondes sont négligeables.

44. *Exemple I.* — Soient

$$h = 16°10', \quad \delta = 112°44', \quad l = 50°18'$$

les données d'un calcul d'angle au pôle

La latitude et la déclinaison ont noms contraires; l'astre observé est loin de culminer au méridien. On emploie les Tables de François Callet:

$$
\begin{aligned}
h &= 16°10' \\
\delta &= 112.44 \qquad \text{col sin} \dots \dots \dots \quad 0,0351215 \\
l &= 50.18 \qquad \text{col cos} \dots \dots \dots \quad 0,1946570 + \quad 507 \\[4pt]
2s &= 179\ 12 \\
s &= 89.36 \qquad \text{log cos} \dots \dots \dots \quad 7,8439338 - 30264 - 209 \\
s-h &= 73.26 \qquad \text{log sin} \dots \dots \dots \quad 9,9815870 + \qquad 62 \\
&\qquad\qquad\quad \text{Somme} \dots \dots \quad 18,0552993
\end{aligned}
$$

$$\log \sin \frac{\mathrm{P}}{2} = 9,0276496 + 1965 - \quad 1$$

$$\frac{\mathrm{P}}{2} = 6°07'04'',21$$

$$\mathrm{P} = 0^{\mathrm{h}}48^{\mathrm{m}}56^{\mathrm{s}},56$$

On a

$$p = +507 + 62 - 30264 = 569 - 30264 = -29695,$$

$$2p = -59390, \quad p_2 = -209, \quad 3p_2 = -627,$$

$$2p - p_2 = -59390 + 209 = -59181,$$

$$d - \tfrac{1}{2}d_1 = +1965, \quad 2d - d_1 = +3931.$$

On conclut, l'astre ne culminant pas très-près du zénith,

$$a = \frac{2p - p_2}{d - \tfrac{1}{2}d_1} = \frac{-59181}{+1965} = -30^{\mathrm{s}},12,$$

$$a' = \frac{3p_2}{2d - d_1} = \frac{-627}{+3931} = -0^{\mathrm{s}},16.$$

Ce sont les résultats trouvés directement (36).

45. *Exemple II.* — Soient

$$h = 88°42', \quad \delta = 66°, \quad l = 24°30'$$

les données d'un calcul d'angle au pôle.

La latitude du lieu d'observation et la déclinaison de l'astre observé ont même nom: elles diffèrent de 0°30'; la latitude est plus grande que la déclinaison; l'astre culmine très-près du zénith. On emploie les Tables de François Callet :

$$
\begin{aligned}
h &= 88° 42' \\
\delta &= 66.\ 0 \qquad \text{col sin}\ldots\ldots\ldots\ 0,0392698 \\
l &= 24.30 \qquad \text{col cos}\ldots\ldots\ldots\ 0,0409771 + 192 \\
\hline
2s &= 179.12 \\
s &= 89.36 \qquad \text{log cos}\ldots\ldots\ldots\ 7,8439338 - 30264 - 209 \\
s - h &= 0.54 \qquad \text{log sin}\ldots\ldots\ldots\ 8,1961020 + 13383 - 41 \\
& \qquad\qquad\qquad \text{Somme}\ldots\ldots\ldots\ 16,1202827
\end{aligned}
$$

$$\log \sin \frac{P}{2} = 8,0601413 + 18285 - 78$$

$$\frac{P}{2} = 0° 39' 29'',06$$

$$P = 0^h 05^m 15^s,87.$$

On a

$$p = + 192 + 13383 - 30264 = + 13575 - 30264 = - 16689,$$

$$2p = - 33378, \quad p_2 = - 209 - 41 = - 250,$$

$$2p - p_2 = - 33378 + 250 = - 33128,$$

$$\tfrac{1}{2}d_1 = - 39, \quad d - \tfrac{1}{2}d_2 = + 18285 + 39 = + 18324.$$

On conclut, l'astre culminant très-près du zénith,

$$
\left.
\begin{aligned}
\log \frac{\sin 1'}{16} &= \overline{5},2596061 \\[4pt]
\log a^2 &= 0,5143968 \\[4pt]
\text{col sin} \frac{P}{2} &= 1,9398587 \\[4pt]
\hline
\log \frac{a^2 \sin 1'}{16 \sin \frac{P}{2}} &= \overline{3},7138616 \\[4pt]
\frac{a^2 \sin 1'}{16 \sin \frac{P}{2}} &= 0^s,005
\end{aligned}
\right\}
\begin{aligned}
a &= \frac{2p - p_2}{d - \tfrac{1}{2}d_2} = \frac{- 33128}{+ 18324} = - 1^s,81 \\[6pt]
a' &= \frac{3p_2}{d - \tfrac{1}{2}d_2} + \frac{a^2 \sin 1'}{16 \sin \frac{P}{2}} = \frac{- 750}{+ 18324} + 0,005 \\[6pt]
a' &= - 0^s,041 + 0^s,005 = - 0^s,04.
\end{aligned}
$$

On obtient les résultats trouvés directement (37).

46. Pour calculer le coefficient c, on a

$$q = -30264 - 13383 = -43647, \quad q_2 = -209 - 41 = -250,$$
$$2q = -87294, \quad 2q - q_2 = -87294 + 250 = -87044,$$
$$\tfrac{1}{2}d_2 = -39, \quad d - \tfrac{1}{2}d_2 = +18285 + 39 = +18324.$$

On conclut

$$c = \frac{2q - q_2}{d - \tfrac{1}{2}d_2} = \frac{-87044}{+18324} = -4^s,75.$$

47. *Exemple III.* — Soient

$$h = 47°10', \quad \delta = 111°14', \quad l = 10°48'$$

les données d'un calcul d'angle au pôle.

La latitude du lieu d'observation et la déclinaison de l'astre observé ont des noms contraires. L'astre culmine loin du zénith.

<table>
<tr><td>

Emploi des Tables de Callet.

$$
\begin{aligned}
h &= 47°10' \\
\delta &= 111.14 \quad \text{col sin} \ldots \ 0,0305313 \\
l &= 10.48 \quad \text{col cos} \ldots \ 0,0077615 + \quad 80 \\
\hline
2s &= 169.12 \\[4pt]
s &= 84.36 \quad \text{log cos} \ldots \ 8,9736280 - 2228 - 1 \\
-h &= 37.26 \quad \text{log sin} \ldots \ 9,7837878 + \ 275 \\
\hline
&\qquad \text{Somme.} \ 18,7957086
\end{aligned}
$$

$$\log \sin \frac{P}{2} = 9\ ,3978543 + \ 816$$
$$\frac{P}{2} = 14°28'28'',53$$
$$P = 1^h 55^m 47^s,80$$

On trouve

$$a = \frac{2p - p_2}{d - \tfrac{1}{2}d_2} = \frac{-3747}{+816} = -4^s,59,$$

$$a' = \frac{3p_2}{2d - d_2} = \frac{-3}{+1632} = -0^s,002$$

</td><td>

Emploi des Tables de M. V. Caillet.

$$
\begin{aligned}
h &= 47°10' \\
\delta &= 111.14 \quad \text{col sin} \ldots \ 0,030531 \\
l &= 10.48 \quad \text{col cos} \ldots \ 0,007761 + \ 122 + \ 2 \\
\hline
2s &= 169.12 \\[4pt]
s &= 84.36 \quad \text{log cos} \ldots \ \bar{2},973628 - 3337 - 38 \\
s - h &= 37.26 \quad \text{log sin} \ldots \ \bar{1},783788 + \ 413 - 1 \\
\hline
&\qquad \text{Somme.} \ \bar{2},795708
\end{aligned}
$$

$$\log \sin \frac{P}{2} = \bar{1},397854 + 1224 - 6$$
$$\frac{P}{2} = 0°58^m 53^s,90$$
$$P = 1^h 55^m 47^s 80$$

On trouve

$$a = \frac{2p - \dfrac{p_2}{15}}{d - \dfrac{d_2}{30}} = \frac{-5601,5}{+1224,2} = -4^s,58,$$

$$a' = \frac{p_2}{15\left(d - \dfrac{d_2}{30}\right)} = \frac{-37}{15 \times 1224,2} = -0^s,002$$

</td></tr>
</table>

Le calcul direct donne

$$a = -4^s,588, \quad a' = -0^s,0025.$$

48. Pour calculer le coefficient c, on a

Emploi des Tables de Callet.	*Emploi des Tables de M. V. Caillet.*
$q = -2228 - 275 = -2503,$	$q = -3337 - 413 = -3750,$
$q_2 = -1,$	$\dfrac{q_2}{15} = \dfrac{+2 - 38 - 1}{15} = \dfrac{-37}{15} = -2,5,$
$2q - q_2 = -5005, \quad d = \frac{1}{2}d_2 = +816,$	$2q - \frac{1}{15}q_2 = -7497,5, \quad d - \frac{1}{30}d_2 = 1224,2,$
$c = \dfrac{2q - q_2}{d - \frac{1}{2}d_2} = \dfrac{-5005}{+816} = -6^s,13.$	$c = \dfrac{2q - \frac{1}{15}q_2}{d - \frac{1}{30}d_2} = \dfrac{-7497,5}{+1224,2} = -6^s,12.$

49. *Applications numériques du développement de l'angle au pôle en fonction de la variation de la latitude.* — Si la latitude est seule variable, on a

$$\Delta \mathrm{P}^s = a\mathrm{Y} + a'\mathrm{Y}^2$$

quand les arcs $\dfrac{\mathrm{P}}{2}$, s, $s - h$ sont dans les limites indiquées.

D'après la manière pratique de déterminer les valeurs numériques des coefficients a, a', on peut admettre que ces coefficients sont connus avec une approximation de $0^s,005$ à $0^s,01$.

Si donc la valeur a' est appréciable, la quantité Y ne peut dépasser $10'$ si l'on veut connaître ΔP avec une approximation de $0^s,5$, ou $20'$ pour une approximation de 4^s de ΔP.

Si la valeur a' est négligeable, il semble, au premier abord, que la quantité Y peut atteindre la limite $100'$ ou $1°40'$; mais la quantité a', tout inappréciable qu'elle soit, a une valeur, et, si l'on posait $\mathrm{Y} = 100'$, la valeur a' serait multipliée par 10000.

Il y a lieu d'admettre que, dans le cas où la valeur de a' ne peut être appréciée, la valeur de Y ne doit pas dépasser $30'$, si l'on veut connaître ΔP avec une approximation de $0^s,5$ ou 1^s, ou $1°$ pour une approximation de 4^s de ΔP.

50. *Exemple.* — Soient

$$h = 16°10', \quad \delta = 112°44', \quad l = 50°10'$$

les données d'un calcul d'angle au pôle,

4

Les arcs $\frac{P}{2}$, $s + \frac{Y}{2}$, $s - h + \frac{Y}{2}$ doivent être compris entre $0°23'45''$ et $89°36'15''$ si l'on emploie les Tables de Callet, entre $0°35',5$ et $89°24',4$ si l'on emploie les Tables de M. V. Caillet.

On a trouvé (44), par la méthode abréviative,

$$a = -30^s,12, \quad a' = -0^s,16.$$

Si l'on pose

$$Y = -8',$$

on trouve

$$\Delta P^s = +30^s,12 \times 8 - 0^s,16 \times 64 = +241^s,04 - 10^s,24 = +3^m50^s,8,$$

ou, à la demi-seconde près,

$$\Delta P = +3^m51^s.$$

Le calcul direct donne

$$\Delta P = +3^m51^s,3.$$

IV.

DÉTERMINATION DU POINT OBSERVÉ A L'AIDE DE DEUX HAUTEURS EXTRA-MÉRIDIENNES. — INFLUENCES DES ERREURS DE L'OBSERVATION ET DE L'ESTIME SUR LES RÉSULTATS OBTENUS. — CIRCONSTANCES FAVORABLES AUX OBSERVATIONS.

51. *Emploi d'une série de hauteurs d'un même astre pour déterminer l'heure ou la longitude d'un lieu.* — A terre ou à la mer, on peut faire plusieurs calculs d'heure à l'aide de hauteurs d'un même astre prises successivement à des instants très-rapprochés. Chacune des hauteurs servant à ces calculs peut elle-même être la moyenne d'une série de hauteurs prises successivement et aussi rapidement que possible.

Les différences entre les heures successives calculées doivent différer infiniment peu des intervalles entre les observations, intervalles conclus des lectures au chronomètre lors des observations.

52. On peut, à la mer, faire plusieurs calculs de longitude à l'aide de hauteurs prises successivement à des instants très-rapprochés.

Les longitudes calculées ont pour différences les changements en longitude, d'ordinaire insignifiants, estimés entre les observations.

53. La concordance des résultats obtenus à l'aide de hauteurs prises successivement, à des instants très-rapprochés, prouve que les calculs sont exempts de fautes, et que les données des calculs sont exactes ou affectées d'erreurs à fort peu près égales; elle n'implique pas d'une manière décisive l'exactitude des données.

Les valeurs approchées

$$\text{Erreur sur heure ou longitude} = \frac{\text{erreur sur hauteur}}{\sin Z \cos l},$$

$$\text{Erreur sur heure ou longitude} = \frac{\cot Z}{\cos l} \times \text{erreur sur latitude}$$

indiquent que, l'azimut Z de l'astre observé variant peu, à des erreurs égales sur la hauteur ou sur la latitude correspondent des erreurs à fort peu près égales sur l'heure ou sur la longitude.

54. *Aperçu général sur l'emploi, pour déterminer l'heure ou la longitude, de deux hauteurs d'un même astre observé à des époques éloignées l'une de l'autre.* — On observe deux hauteurs d'un même astre à des époques éloignées l'une de l'autre; chacune de ces hauteurs peut d'ailleurs être la moyenne d'une série de hauteurs prises successivement et aussi rapidement que possible.

Avec chacune des hauteurs on calcule l'heure ou la longitude du lieu d'observation.

55. L'intervalle de temps calculé, c'est-à-dire la différence des heures conclues des calculs, doit être exactement égal à l'intervalle de temps observé, c'est-à-dire à l'intervalle de temps conclu des indications du chronomètre lors des observations.

Si les observations ont été faites dans des lieux différents, l'heure calculée du premier lieu doit être corrigée du changement en longitude pendant l'intervalle entre les observations, pour être comparée à l'heure calculée du second lieu.

56. La longitude calculée à l'aide de la première observation, corrigée du changement en longitude pendant l'intervalle entre les observa-

tions, doit fournir exactement la longitude calculée à l'aide de la seconde observation.

57. Si les résultats ne concordent pas, la discordance implique, les calculs étant supposés exempts de fautes, que les données des calculs d'heure ou de longitude sont erronées, qu'il y a erreur sur les hauteurs, sur la latitude.

Si l'on suppose les hauteurs exactes, l'erreur sur la latitude est la cause unique de la discordance des résultats. Le problème consiste à chercher le moyen de remonter de l'effet à la cause, c'est-à-dire le moyen de conclure de la discordance des résultats l'erreur sur la latitude.

L'erreur sur la latitude étant obtenue, l'heure ou la longitude calculées pourront être rectifiées. Il restera à fixer les influences des erreurs de l'estime et de l'observation sur les résultats obtenus.

58. *Détermination du point observé à l'aide de deux hauteurs extraméridiennes d'un même astre prises à des époques éloignées l'une de l'autre.* — Un premier calcul de longitude avec les données

h, hauteur vraie du centre de l'astre,
δ, distance polaire de l'astre,
l, latitude estimée du premier lieu d'observation,

donne la longitude calculée L du premier lieu d'observation.

Soient, en minutes de degré, Y, S les erreurs sur la latitude estimée et sur la hauteur vraie; on a (17)

$$\text{Longitude exacte du premier lieu} = L + (aY + cS) + (a'Y^2 + 2c''YS + c'S^2) + \ldots$$

Soient

λ le changement en latitude,
γ le changement en longitude,

pendant l'intervalle des deux observations; λ est exprimé en minutes de degré, γ en secondes de temps.

Soient $\lambda + \lambda'$, $\gamma + \gamma'$ les changements erronés en latitude et en longitude fournis par l'estime.

Un second calcul de longitude avec les données

h', hauteur vraie du centre de l'astre,

δ', distance polaire de l'astre,

$l + \lambda + \lambda'$, latitude estimée du second lieu d'observation,

donne la longitude calculée L' du second lieu d'observation.

Soit S' l'erreur sur la hauteur vraie h'; l'erreur sur la latitude estimée du second lieu d'observation est $Y + \lambda'$.

Si l'on appelle, pour les calculs de la seconde observation, b, b', k, k', k'' les coefficients analogues aux coefficients a, a', c, c', c'' des calculs de la première observation, on a

$$\text{Longitude exacte du second lieu} = L' + [b(Y + \lambda') + k S']$$
$$+ [b'(Y + \lambda')^2 + 2k'' S'(Y + \lambda') + k' S'^2].$$

La différence des deux longitudes calculées étant égale au changement en longitude dans l'intervalle des deux observations, on conclut

$$L + \gamma + \gamma' + (aY + cS) + (a'Y^2 + 2c'' YS + c'S^2) + \ldots$$
$$= L' + [b(Y + \lambda') + kS'] + [b'(Y + \lambda')^2 + 2k'' S'(Y + \lambda') + k'S'^2] + \ldots$$

On déduit de cette égalité

$$Y = \frac{L' - (L + \gamma + \gamma')}{a - b} - \frac{a'Y^2 - b'(Y + \lambda')^2}{a - b} + \frac{b\lambda'}{a - b} - \frac{cS - kS'}{a - b} - \ldots$$

59. Si les erreurs d'observation étaient nulles, si les indications de l'estime dans l'intervalle des observations étaient exactes, une première valeur approchée de Y serait

$$Y_1 = \frac{L' - (L + \gamma)}{a - b},$$

et une seconde valeur plus approchée

$$Y_2 = Y_1 - \frac{a' - b'}{a - b} Y_1^2.$$

La correction que doit subir la latitude estimée serait exactement connue.

La valeur de la longitude du second lieu d'observation serait

$$\tfrac{1}{2}[\mathbf{L}' + (\mathbf{L} + \gamma) + (a + b)\,\mathbf{Y}_2 + (a' + b')\,\mathbf{Y}_2^2].$$

Nous avons supposé les coefficients du troisième ordre négligeables.

60. *Influences des erreurs de l'observation et de l'estime sur la détermination du point observé.* — En supposant les coefficients du second ordre négligeables, ou en admettant que les erreurs de l'estime et de l'observation sont assez petites pour qu'on puisse négliger les termes du second ordre qui les contiennent, on a l'égalité

$$\mathbf{L} + \gamma + \gamma' + a\mathbf{Y} + c\mathbf{S} = \mathbf{L}' + b(\mathbf{Y} + \lambda') + k\mathbf{S}',$$

de laquelle on conclut

$$\mathbf{Y} = \frac{\mathbf{L}' - (\mathbf{L} + \gamma)}{a - b} - \frac{\gamma' - b\lambda'}{a - b} - \frac{c\mathbf{S} - k\mathbf{S}'}{a - b}.$$

La correction de la latitude, quand les erreurs de l'estime et de l'observation sont nulles, est

$$\mathbf{Y}_1 = \frac{\mathbf{L}' - (\mathbf{L} + \gamma)}{a - b}.$$

La correction y que doit subir la correction de la latitude, à cause des erreurs de l'estime et de l'observation, est donc

$$y = \mathbf{Y}_1 - \mathbf{Y} = \frac{\gamma' - b\lambda'}{a - b} + \frac{c\mathbf{S} - k\mathbf{S}'}{a - b},$$

et, par suite, la correction y_1 que doit subir la latitude estimée du lieu de la seconde observation, eu égard aux erreurs de l'estime et de l'observation, est

$$y_1 = -\lambda' + \frac{\gamma' - b\lambda'}{a - b} + \frac{c\mathbf{S} - k\mathbf{S}'}{a - b}.$$

61. La longitude rectifiée du second lieu d'observation, quand on tient compte des erreurs de l'estime et de l'observation, est

$$\tfrac{1}{2}[\mathbf{L} + \gamma + \gamma' + \mathbf{L}' + (a + b)\,\mathbf{Y} + b\lambda' + c\mathbf{S} + k\mathbf{S}'].$$

Elle a pour valeur, quand les erreurs de l'estime et de l'observation sont nulles,

$$\tfrac{1}{2}\left[L + \gamma + L' + (a + b)\,Y_1\right].$$

La correction x, que doit subir la longitude rectifiée du second lieu d'observation, à cause des erreurs de l'estime et de l'observation, est donc

$$x = \tfrac{1}{2}\left[(a + b)(Y_1 - Y) - (\gamma' + b\lambda') - (cS + kS')\right],$$

ou, si l'on remplace $Y_1 - Y$ par sa valeur,

$$x = \tfrac{1}{2}\left[(a + b)\left(\frac{\gamma' - b\lambda'}{a - b} + \frac{cS - kS'}{a - b}\right) - (\gamma' + b\lambda') - (cS + kS')\right],$$

et, en simplifiant,

$$x = \frac{b(\gamma' - a\lambda')}{a - b} + \frac{bcS - akS'}{a - b}.$$

62. Il ne faut pas oublier que x, y_1 et y représentent la valeur et le signe des *corrections* que doivent subir la longitude et la latitude rectifiées du second lieu d'observation, et la correction de la latitude estimée du premier lieu d'observation.

La correction que doit subir une quantité et l'erreur commise sur cette quantité ont même grandeur et signes contraires.

63. *Remarques sur les signes des coefficients a, a', b, b', c, k.* — Si Z, Z' représentent les azimuts de l'astre lors des deux observations,

$$a = \frac{4\cot Z}{\cos l}, \qquad c = -\frac{4}{\sin Z \cos l},$$

$$b = \frac{4\cot Z'}{\cos(l + \lambda + \lambda')}, \qquad k = -\frac{4}{\sin Z' \cos(l + \lambda + \lambda')}.$$

Calcul de l'angle au pôle. — Les coefficients c, k, a', b' sont toujours négatifs.

Si, la latitude du lieu et la déclinaison de l'astre ayant même nom, la latitude est moindre que la déclinaison, l'azimut de l'astre est toujours inférieur à 90 degrés, les coefficients a, b sont toujours positifs.

Si la latitude du lieu et la déclinaison de l'astre ont des noms contraires, l'azimut de l'astre est toujours supérieur à 90 degrés, les coefficients a, b sont toujours négatifs.

Si, la latitude du lieu et la déclinaison de l'astre ayant même nom, la latitude est plus grande que la déclinaison, l'azimut de l'astre est aigu dans l'est du méridien jusqu'à l'instant du passage de l'astre au premier vertical, et les coefficients a, b sont positifs; l'azimut de l'astre est obtus pendant l'intervalle de temps qui s'écoule entre les deux passages au premier vertical dans l'est et dans l'ouest du méridien, et les coefficients a, b sont négatifs; enfin, à partir du moment où l'astre a passé au premier vertical dans l'ouest du méridien, l'azimut de l'astre est aigu et les coefficients a, b sont positifs.

64. *Calcul de l'angle horaire ou de l'heure.* — L'angle au pôle et l'angle horaire d'un astre sont identiques quand l'astre est observé dans l'ouest du méridien; leur somme est égale à 24^h quand l'astre est observé dans l'est du méridien.

Donc, pour l'angle au pôle et pour l'angle horaire, les coefficients a, b, a', b', c, k ont même valeur et même signe si l'astre est observé dans l'ouest du méridien, même valeur et signes contraires si l'astre est observé dans l'est du méridien.

65. *Calcul de la longitude.* — La longitude d'un lieu est la différence des heures simultanées du lieu et du premier méridien; elle est ouest si l'heure du lieu est la plus faible; elle est est dans le cas contraire.

L'heure du lieu est soustractive à l'heure du premier méridien quand la longitude du lieu est ouest.

Donc, pour l'angle horaire de l'astre et pour la longitude du lieu, les coefficients a, b, a', b', c, k ont même valeur et même signe quand la longitude du lieu est est, même valeur et signes contraires quand la longitude du lieu est ouest.

66. *Applications numériques. Exemple I.* — Le 16 novembre 1873, vers 11^h15^m du matin, dans un lieu qui a pour latitude $11°24'$ nord, pour longitude $100°45'$ ouest, une première observation donne

Heure temps moyen de Paris......	Nov., $16^j 5^h 55^m 23^s,6$
Hauteur vraie du Soleil,...........	$58°37'55''$
Distance polaire du Soleil.........	$108°54'21''$
Équation du temps................	$11^h 45^m 01^s,89$

Après un déplacement de 12′,3 en latitude sud, de 24ˢ,8 en longitude ouest, vers 0ʰ17ᵐ du soir, une seconde observation donne

Heure temps moyen de Paris........ Nov. 16ʲ 7ʰ01ᵐ02ˢ,6
Hauteur vraie du Soleil............... 58° 27′ 04″
Distance polaire du Soleil......... 108° 55′ 02″
Équation du temps.............. 11ʰ45ᵐ02ˢ,44

Déterminer le point observé de la seconde station.

Les données sont exactes; la longitude ouest calculée du premier lieu, augmentée du changement en longitude ouest dans l'intervalle des observations, donne identiquement la longitude ouest calculée du second lieu. Le calcul donne

Point observé du second lieu..... { Latitude........ 11°11′,7 N.
Longitude..... { 6ʰ43ᵐ36ˢ,8 O.
{ 100°54′,2 O.

67. *Erreur sur la latitude.* — Supposons, sur la latitude estimée du premier lieu d'observation, une erreur + 9′.

Rappelons que les arcs $\frac{P}{2}$, $s + \frac{Y}{2}$, $s - h + \frac{Y}{2}$ doivent être compris entre 0°23′45″ et 89°36′15″ quand on emploie les Tables de Callet, où les arcs se succèdent de 10″ en 10″, ou entre 0°35′37″ et 89°24′23″ quand on emploie les Tables de M. V. Caillet, où les arcs se succèdent de 15″ en 15″.

Nous emploierons dans cet exemple les Tables de Callet.

$h =$ 58° 37′ 55″				
δ — 108.54.21	col sin....	0,0240848		
$l =$ 11.33.00	col cos....	0,0088846 +	86	
$2s =$ 179.05.16				
$s =$ 89.32.38	log cos....	7,9009434 — 26401 — 160		
$s - h =$ 30.54.43	log sin....	9,7107266 + 352		
	Somme.	17,6446394		
	$\log \sin \frac{P}{2} =$	8,8223197 + 3162 — 3		
	$\frac{P}{2} =$	3°48′30″,86		
	$P =$	0ʰ30ᵐ28ˢ,11		

58° 27′ 04″			
108.55.02	0,0241144		
11.45.18	0,0092050 +	88	
179.07.24			
89.33.42	7,8836776 — 27574 — 174		
31.06.38	9,7132309 + 349		
	17,6302279		
$\log \sin \frac{P}{2} =$	8,8151139 + 3216 — 3		
$\frac{P}{2} =$	3°44′44″,92		
$P =$	0ʰ29ᵐ57ˢ,99		

Lieu................	Nov. $15^j 23^h 29^m 31^s,89$ T. v.	Nov. 16^j $0^h 29^m 57^s,99$ T. v.
Équation............	$+ 11.45.01,89$	$+ 11.45.02,44$
Lieu................	Nov. 15.23.14.33,8 T. m.	Nov. 16. 0.15.00,4
Paris...............	Nov. 16. 5.55.23,6	Nov. 16. 7.01.02,6 T. m.
Longitude...........	$L = 6.40.49,8$ O.	$L' = 6.46.02,2$ O.
Chang^t longitude O.....	$\gamma = \quad +24,8$	$L + \gamma = 6.41.14,6$ O.
	$L + \gamma = 6.41.14,6$ O.	$L' - (L + \gamma) = + 4.47,6$

La discordance des longitudes calculées du second lieu d'observation implique une erreur sur la latitude.

On calcule, à l'aide des différences logarithmiques, les coefficients

$$a = -16^s,37, \qquad b = +16^s,82,$$
$$a' = -0^s,076, \qquad b' = +0^s,081.$$

On a

$$Y_1 = \frac{L' - (L + \gamma)}{a - b} = \frac{+287^s,6}{-33^s,2} = -8',66,$$

$$Y = Y_1 - \frac{a' - b'}{a - b} Y_1^2 = -8',66 - 0',35 = -9',0.$$

On trouve la correction exacte de la latitude.

La latitude de la seconde station est

$$11°45',3 - 0°09',0 = 11°36',3.$$

La longitude rectifiée de la seconde station est

$$\tfrac{1}{2}[L + \gamma + L' + (a + b)Y + (a' + b')Y^2].$$

Or on a

$L + \gamma$.......................	$6^h 41^m 14^s,6$
L'...........................	$6.46.02,2$
$(a + b)Y$....................	$- \quad 4,05$
$(a' + b')Y^2$.................	$+ \quad 0,49$
Somme..............	$12.87.13,24$
Longitude rectifiée...	$6^h 43^m 36^s,6$ O. ou $100°54',15$.

L'erreur sur la longitude rectifiée est $0^s,2$ ou $3''$.

68. *Exemple II.* — Le 17 novembre 1873, vers $8^h 51^m$ du matin, dans un lieu qui a pour latitude 13°58' sud, pour longitude 25°05',7 ouest,

une première observation donne :

Heure temps moyen de Paris........	Nov. 16ʲ 22ʰ 31ᵐ 17ˢ,6
Hauteur vraie du Soleil.............	48° 01′ 34″
Distance polaire du Soleil.........	70° 55′ 28″
Équation du temps	11ʰ 45ᵐ 10ˢ, 14

Après un déplacement de 15′,2 en latitude nord, de 39ˢ en longitude est, vers 11ʰ 28ᵐ du matin, une seconde observation donne

Heure temps moyen de Paris.......	Nov. 17ʲ 01ʰ 07ᵐ 35ˢ, 1
Hauteur vraie du Soleil.......... ...	83° 11′ 43″
Distance polaire du Soleil..........	70° 53′ 53″
Équation du temps.....	11ʰ 45ᵐ 11ˢ,48

Déterminer le point observé de la seconde station.

Les données sont exactes. La longitude ouest calculée du premier lieu d'observation, diminuée du changement en longitude est pendant l'intervalle des observations, donne identiquement la longitude ouest calculée du second lieu d'observation.

Le calcul donne

Point observé du second lieu.....
- Latitude........ 13° 42′,8 S.
- Longitude.....
  - 1ʰ 39ᵐ 43ˢ,8 O.
  - 24° 55′,95 O.

69. *Erreur sur la latitude.* — Supposons sur la latitude une erreur + 13′.

Nous employons dans cet exemple les Tables de Callet.

h — 48° 01′ 34″				83° 11′ 43″			
$\delta =$ 70.55.28	col sin 0,0245276			70.53.53	0,0245968		
$l =$ 14.11.00	col cos ... 0,0134447 + 106			13.55.48	0,0129640 +	104	
$2s =$ 133.08.02				168.01.24			
$s =$ 66.34.01	log cos ... 9,5995308 — 486			84.00.42	9,0183924 —	2007 — 1	
$s - h =$ 18.32.27	log sin ... 9,5024004 + 628			0.48.59	8,1537598 + 14796 — 50		
	Somme. 19,1399035				17,2097130		
	$\log \sin \frac{P}{2} =$ 9,5699517 + 526				$\log \sin \frac{P}{2} =$ 8,6048565 + 5227 — 7		
	$\frac{P}{2} =$ 21° 48′ 28″,01				$\frac{P}{2} =$ 2° 18′ 26″,14		
	P = 2ʰ 54ᵐ 27ˢ,74				P = 0ʰ 18ᵐ 27ˢ,48		

5.

Lieu	Nov. 16^j 21^h 05^m 32^s,26 T. v.	Nov. 16^j 23^h 41^m 32^s,52 T. v.
Équation.	$+$ 11.45.10,14	$+$ 11.45.11,48
Lieu	Nov.16.20.50.42,4 T. m.	Nov.16.23.26.44,0 T. m.
Paris	Nov.16.22.31.17,6	Nov.17. 1.07.35,1
Longitude.	$L =$ 1.40.35,2 O.	$L' =$ 1.40.51,1 O.
Chang^t longit. E. .	$\gamma =$ $-$ 39,0	$L + \gamma =$ 1.39.56,2 O.
	$L + \gamma =$ 1.39.56,2 O.	$L' - (L + \gamma) =$ $+$ 54,9

La discordance des longitudes calculées du second lieu implique une erreur sur la latitude.

On calcule, à l'aide des différences logarithmiques, les coefficients

$$a = + 0^s,94, \quad b = + 4^s,93, \quad b' = - 0^s,015.$$

On a

$$Y_1 = \frac{L' - (L + \gamma)}{a - b} = \frac{+ 54^s,9}{- 4^s,0} = - 13',72,$$

$$Y = Y_1 + \frac{b'}{a' - b'} Y_1^2 = - 13',72 + 0',69 = - 13',0.$$

On trouve la correction exacte de la latitude.

La latitude du second lieu d'observation est

$$13°55',8 - 0°13',0 = 13°42',8.$$

La longitude rectifiée du second lieu d'observation est

$$\tfrac{1}{2}[L + \gamma + L' + (a + b)Y + b'Y^2].$$

Or on a

$L + \gamma$.	$1^h 39^m 56^s,2$
L'.	1.40.51,1
$(a + b)Y$.	$-$ 1.16,31
$b'Y^2$.	$-$ 2,53
Somme.	2.79.28,46
Longitude rectifiée. . .	$1^h 39^m 44^s,2$ O. ou 24°56',0 O.

L'erreur sur la longitude rectifiée est $0^s,4$ ou $6''$.

70. *Erreur sur la latitude et erreurs d'observation.* — Supposons, dans les données de l'exemple II, une erreur $+13'$ sur la latitude, une erreur

$S = + 1',5$ sur la première hauteur, une erreur $S' = + 2',4$ sur la seconde hauteur :

<table>
<tr><td>$h =$ 48.03' 04"</td><td></td><td></td><td>83° 14' 07"</td><td></td><td></td></tr>
<tr><td>$\delta =$ 70.55.28</td><td>col sin ...</td><td>0,0245276</td><td>70.53.53</td><td>0,0245968</td><td></td></tr>
<tr><td>$l =$ 14.11.00</td><td>col cos ...</td><td>0,0134447 + 106</td><td>13.55.48</td><td>0,0129640 +</td><td>104</td></tr>
<tr><td>$2s =$ 133.09.32</td><td></td><td></td><td>168.03.48</td><td></td><td></td></tr>
<tr><td>$s =$ 66.34.46</td><td>log cos ...</td><td>9,5993121 — 486</td><td>84.01.54</td><td>9,0169447 — 2014 — 1</td><td></td></tr>
<tr><td>$s - h =$ 18.31.42</td><td>log sin ...</td><td>9,5021178 + 628</td><td>0.47.47</td><td>8,1429886 + 15157 — 54</td><td></td></tr>
<tr><td></td><td>Somme.</td><td>19,1394022</td><td></td><td>17,1974941</td><td></td></tr>
</table>

$$\log \sin \frac{P}{2} = 9,5697011 + 527 \qquad \log \sin \frac{P}{2} = 8,5987470 + 5297 - 6$$

$$\frac{P}{2} = 21° 47' 40'',40 \qquad\qquad \frac{P}{2} = 2° 16' 30'',05$$

$$P = 2^h 54^m 21^s,42 \qquad\qquad P = 0^h 18^m 12^s,01$$

Lieu...............	Nov. 16^j 21^{h}05^{m}38^s,58 T. v.	Nov. 16^j 23^h 41^m 47^s,99 T. v.	
Équation.........	+ 11.45^m 10,14	+ 11.45. 11,48	
Lieu	Nov. 16.20.50. 48,7	Nov. 16.23.26. 59,5 T. m.	
Paris.............	Nov. 16.22.31. 17,6 T.m.	Nov. 17. 1.07. 35,1	
Longitude........	L = 1.40. 28,9 O.	L' = 1.40. 35,6 O.	
Chang^t long. E.....	$\gamma = -39,0$	L + γ = 1.39. 49,9 O.	
	L + γ = 1.39. 49,9 O.	L' — (L + γ) = +45,7	

On calcule, à l'aide des différences logarithmiques, les coefficients

$$a = + 0^s,94, \quad b = + 5^s,01, \quad b' = - 0^s,016,$$
$$c = - 4^s,24, \quad k = - 6^s,49.$$

On a

$$Y_1 = \frac{L' - (L + \gamma)}{a - b} = \frac{+ 45^s,7}{- 4^s,1} = - 11',15,$$

$$Y_1 = Y_1 + \frac{b'}{a - b} Y_1^2 = - 11',15 + 0',49 = - 10',7.$$

La latitude rectifiée du second lieu d'observation est

$$\text{Latitude rectifiée} = 13°55',8 - 0° 10',7 = 13°45',1.$$

La longitude rectifiée du second lieu d'observation est

$$\tfrac{1}{2}[L + \gamma + L' + (a + b) Y_1 + b' Y_1^2].$$

Or on a

$$
\begin{aligned}
\mathrm{L} + \gamma &\dots\dots\dots\dots\dots\dots & 1^{\mathrm{h}}39^{\mathrm{m}}49^{\mathrm{s}},9 \\
\mathrm{L}' &\dots\dots\dots\dots\dots\dots & 1.40.35,6 \\
(a + b)\,\mathrm{Y}_{2} &\dots\dots\dots\dots\dots & -\ 1.03,66 \\
b'\,\mathrm{Y}_{2}^{2} &\dots\dots\dots\dots\dots\dots & -\ \ \ 1,83 \\
\hline
\text{Somme}\dots\dots\dots\dots && 2.79.20,01 \\
\end{aligned}
$$

$$\text{Longitude rectifiée}\dots\dots\dots\dots\quad 1.39.40,0$$

Les corrections y, x, que doivent subir la latitude et la longitude rectifiées du second lieu d'observation, sont

$$
y = \frac{c\mathrm{S} - k\mathrm{S}'}{a - b}, \qquad x = \frac{bc\mathrm{S} - ak\mathrm{S}'}{a - b}.
$$

Or on a

$$
\begin{aligned}
y = \frac{c\mathrm{S} - k\mathrm{S}'}{a - b} &= \frac{-4,24 \times 1,5 + 6,49 \times 2,4}{-4,07} \\
&= \frac{-6,36 + 15,58}{-4,07} = \frac{+9,22}{-4,07} = -2',3, \\
x = \frac{bc\mathrm{S} - ak\mathrm{S}'}{a - b} &= \frac{-6,36 \times 5,01 + 15,58 \times 0,94}{-4,07} \\
&= \frac{-31,86 + 14,64}{-4,07} = \frac{-17,22}{-4,07} = +4^{\mathrm{s}},2.
\end{aligned}
$$

On trouve donc

$$
\begin{aligned}
\text{Latitude exacte} \ &= 13°45',1 \ &-\ 0°02',3 = 13°42',8, \\
\text{Longitude exacte} &= 1^{\mathrm{h}}39^{\mathrm{m}}40^{\mathrm{s}},0 + 4^{\mathrm{s}},2 \ &= 1^{\mathrm{h}}39^{\mathrm{m}}44^{\mathrm{s}},2.
\end{aligned}
$$

La latitude est sans erreur.

L'erreur sur la longitude est $0^{\mathrm{s}},4$ ou $6''$, la même qu'on obtenait alors que la latitude était seule erronée.

71. *Erreur sur la latitude et erreur de l'estime.* — Supposons, dans l'énoncé de l'exemple II, une erreur $+13'$ sur la latitude; une erreur $-3',2$ sur le déplacement en latitude nord ou $\lambda' = +3',2$, parce que la latitude du lieu est sud; une erreur $+5^{\mathrm{s}}$ sur le déplacement en longitude est ou $\gamma' = -5^{\mathrm{s}}$, parce que la longitude du lieu est ouest.

$h = 48°01'34''$ $83°11'43''$

$\delta = 70.55.28$ col sin ... $0,0245276$ $70.53.53$ $0,0245968$

$l = 14.11.00$ col cos ... $0,0134447 + 106$ $13.59.00$ $0,0130644 + 104$

$2s = 133.08.02$ $168.04.36$

$s = 66.34.01$ log cos ... $9,5995308 - 486$ $84.02.18$ $9,0164611 - 2016 - 1$

$s - h = 18.32.27$ log sin ... $9,5024004 + 628$ $0.50.35$ $8,1677179 + 14308 - 48$

Somme. 19.1399035 $17,2218402$

$$\log \sin \frac{P}{2} = 9,5699517 + 526 \qquad \log \sin \frac{P}{2} = 8,6109201 + 5152 - 6$$

$$\frac{P}{2} = 21°48'28'',01 \qquad\qquad \frac{P}{2} = 2°20'22'',98$$

$$P = 2^b 54^m 27^s,74 \qquad\qquad P = 0^h 18^m 43^s,06$$

Lieu .... Nov. $16^j 21^h 05^m 32^s,26$ T. v.   Nov. $16^j 23^h 41^m 16^s,94$ T. v.

Équation .... $+ 11.45.10,14$ $+ 11.45.11,48$

Lieu .... Nov. $16.20.50.42,4$ T. m.   Nov. $16.23.26.28,4$ T. m.

Paris .... Nov. $16.22.31.17,6$ Nov. $16.\ 1.07.35,1$

Longitude .... $L = 1.40.35,2$ O. $L' = 1.41.06,7$ O.

Chang^t long. E .... $\gamma = -44,0$ $L + \gamma = 1.39.51,2$ O.

$L + \gamma = 1.39.51,2$ O. $L' - (L + \gamma) = + 1.15,5$

On calcule, à l'aide des différences logarithmiques, les coefficients

$$a = + 0^s,94, \quad b = + 4^s,82, \quad b' = - 0^s,014.$$

On a

$$Y_1 = \frac{L' - (L + \gamma)}{a - b} = \frac{+ 75^s,5}{- 3^s,9} = - 19',36;$$

$$Y_2 = Y_1 + \frac{b'}{a - b} Y_1^2 = - 19',36 + 1',35 = - 18',0.$$

La latitude rectifiée du second lieu d'observation est

$$\text{Latitude rectifiée} = 13°59',0 - 0°18',0 = 13°41',0.$$

La longitude rectifiée du second lieu d'observation est

$$\tfrac{1}{2}[L + \gamma + L' + (a + b) Y_2 + b' Y_2^2].$$

Or on a

$$
\begin{aligned}
L + \gamma &\dotfill & 1^{h}39^{m}51^{s},2 \\
L' &\dotfill & 1.41.06,7 \\
(a+b)Y_1 &\dotfill & -\ 1.43,68 \\
b'Y_2^2 &\dotfill & -\ \ \ \ \ 4,54 \\
\text{Somme} &\dotfill & 2.79,09,68 \\
\text{Longitude rectifiée} &\dotfill & 1.39.34,8\ \text{O.}
\end{aligned}
$$

Les corrections y_1 et x que doivent subir, eu égard aux erreurs de l'estime, la latitude et la longitude rectifiées du second lieu d'observation sont

$$
y_1 = -\lambda' + \frac{\gamma' - b\lambda'}{a - b}, \quad x = \frac{b}{a-b}(\gamma' - a\lambda').
$$

Or on a

$$
y_1 = -\lambda' + \frac{\gamma' - b\lambda'}{a-b} = -3',2 - \frac{5 + 4,82 \times 3,2}{-3,88}
$$

$$
= -3',2 + \frac{20,42}{3,88} = -3,2 + 5,3 = +2',1,
$$

$$
x = \frac{b}{a-b}(\gamma' - a\lambda') = \frac{4,82}{3,88}(5 + 0,94 \times 3,2) = \frac{4,82 \times 8,01}{3,88} = \frac{38,60}{3,88} = +9^{s},9.
$$

On trouve donc

$$
\begin{aligned}
\text{Latitude exacte} &= 13°41',0 \ \ + 0°02',1 = 13°43',1, \\
\text{Longitude exacte} &= 1^{h}39^{m}34^{s},8 + 9^{s},9 = 1^{h}39^{m}44^{s},7.
\end{aligned}
$$

L'erreur sur la latitude est $0',3$.

L'erreur sur la longitude est $0^{s},9$ ou $13'',5$.

72. *Exemple III.* — Le 17 novembre 1873, vers 7^{h} du matin, dans un lieu qui a pour latitude $4°21'$ nord, pour longitude $69°$ est, une première observation donne

$$
\begin{aligned}
\text{Heure temps moyen de Paris} &\dotfill & \text{Nov. } 16^{j}14^{h}23^{m}48^{s},2 \\
\text{Hauteur vraie du Soleil} &\dotfill & 16°05'\ 41'' \\
\text{Distance polaire du Soleil} &\dotfill & 108°59'\ 33'' \\
\text{Équation du temps} &\dotfill & 11^{h}45^{m}06^{s},11
\end{aligned}
$$

Après un déplacement en latitude de $17',8$ vers le nord, en longitude de 9ˢ,6 vers l'ouest, une seconde observation donne, vers 9ʰ56ᵐ du matin,

Heure temps moyen de Paris...... Nov: 16ʲ 17ʰ 20ᵐ 17ˢ,3
Hauteur vraie du Soleil .... 54° 37′ 13″
Distance polaire du Soleil.......... 109° 01′ 21″
Équation du temps.............. 11ʰ 45ᵐ 07ˢ,57

Déterminer le point observé de la seconde station.

Les données sont exactes. La longitude est calculée du premier lieu, diminuée du changement en longitude ouest dans l'intervalle des observations, donne identiquement la longitude est calculée du second lieu. On a

Point observé du second lieu.. ... { Latitude........ 4°03′,2 N.
Longitude..... { 4ʰ 35ᵐ 50ˢ,5 E.
68°57′,6 E.

73. *La latitude est erronée de 31′.* — Quand l'erreur sur la latitude estimée est forte, on peut, dans le cas où les différences secondes de la Table de logarithmes sont insensibles, utiliser de la manière suivante l'emploi des différences secondes.

On prend, comme différence seconde, la différence entre la différence première du haut de la page et la différence première du bas de la page où on lit le logarithme.

Si l'on emploie les Tables de logarithmes de Callet, les arcs du haut et du bas d'une page diffèrent de 10′ ou de 60 × 10″.

Si l'on emploie les Tables de logarithmes de M. V. Caillet, les arcs du haut et du bas d'une page diffèrent de 15′ ou 60 × 15″.

Dans les deux cas, on divise par 60 les résultats trouvés.

74. *Emploi des Tables de Callet.*

$$
\begin{array}{ll}
h = 16°\,05'\,41'' & \\
\delta = 108.59.33 \quad \text{col sin}\ldots\ 0,0243104 + 28 & \qquad 54°\,37'\,13'' \\
l = 3.50.00 \quad \text{col cos}\ldots\ 0,0009727 & \qquad 109.01.21 \quad 0,0243887 \\
\cline{1-1}
2s = 128.55.14 & \qquad 3.32.12 \quad 0,0008279 +\ 26 \\
& \qquad \overline{167.10.46} \\[4pt]
s = 64.27.37 \quad \text{log cos}\ldots\ 9,6346150 - 441 - 2 & \qquad 83.35.23 \quad 9,0478478 - 1874 - 48 \\
s-h = 48.21.56 \quad \text{log sin}\ldots\ 9,8735524 + 187 - 1 & \qquad 28.58.10 \quad 9,6851531 + 381 - 3 \\
& \\
\text{Somme.}\ \ 19,5334505 & \qquad \overline{18,7582175}
\end{array}
$$

$$\log\sin\tfrac{P}{2} = 9,7667252 + 293 - 1 \qquad\qquad \log\sin\tfrac{P}{2} = 9,3791087 + 854 - 10$$

$$\tfrac{P}{2} = 35°\,45'\,43'',36 \qquad\qquad\qquad \tfrac{P}{2} = 13°\,51'\,02'',26$$

$$P = 4^{h}46^{m}05^{s},78 \qquad\qquad\qquad\quad P = 1^{h}50^{m}48^{s},30$$

Lieu...........	Nov. $16^{j}\,19^{h}\,13^{m}\,54^{s},22$ T. v.	Nov. $16^{j}\,22^{h}\,09^{m}\,11^{s},70$ T. v.
Équation........	$+ 11.45.06,11$	$+ 11.45.07,57$
Lieu...........	Nov. 16.18.59.00,3 T. m.	Nov. 16.21.54.19,3 T. m.
Paris...........	Nov. 16.14.23.48,2	Nov. 16.17.20.17,3
Longitude.......	$L = 4.35.12,1$ E.	$L' = 4.34.02,0$ E.
Chang^{t} long. $\odot$....	$\gamma = - 9,6$	$L + \gamma = 4.35.02,5$ E.
	$L + \gamma = \overline{4.35.02,5}$ E.	$L' - (L+\gamma) = \overline{-60,5}$

On calcule les coefficients

$$a = +\,1^{s},54, \quad a' = +\,\frac{0^{s},015}{60}, \quad b = +\,3^{s},44, \quad b' = +\,\frac{0^{s},089}{60}.$$

On a

$$Y_{1} = \frac{L' - (L+\gamma)}{a - b} = \frac{-60,5}{-1,9} = +\,31',84,$$

$$Y = Y_{1} - \frac{1}{60}\,\frac{a' - b'}{a - b}\,Y_{1}^{2} = +\,31',84 - \frac{40',02}{60} = +\,31',84 - 0',67 = +\,31',2.$$

L'erreur sur la correction de la latitude est $0',2$.
La longitude rectifiée de la seconde station est

$$\tfrac{1}{2}\left[L + \gamma + L' + (a + b)\,Y + \tfrac{1}{60}(a' + b')\,Y^{2}\right].$$

Or on a

$$L + \gamma \dots\dots\dots\dots\dots\dots\dots\quad 4^h 35^m 02^s,5$$
$$L' \dots\dots\dots\dots\dots\dots\dots\dots\quad 4.34.02,0$$
$$(a + b)\,Y \dots\dots\dots\dots\dots\dots\quad +\ 2.35,38$$
$$\tfrac{1}{60}(a' + b')\,Y^2 \dots\dots\dots\dots\quad +\quad 1,70$$

$$\text{Somme} \dots\dots\dots\dots\quad 8.71.41,58$$

$$\text{Longitude.} \dots\dots\dots\dots\quad 4.35.50,8$$

L'erreur sur le résultat est $0^s,1$.

75. *Emploi des Tables de M. V. Caillet.*

$h = 16°05'41''$			$54°37'13''$	
$\delta = 108.59.33$	col sin …	$0,024310$	$109.01.21$	$0,024388$
$l = 3.50.00$	col cos …	$0,000973 + 40$	$3.32.12$	$0,000828 + 40$
$2s = 128.55.14$			$167.10.46$	
$s = 64.27.37$	log cos …	$\overline{1},634615 - 661 - 7$	$83.35.23$	$\overline{1},047848 - 2813 - 110$
$s - h = 48.21.56$	log sin …	$\overline{1},873553 + 281 - 3$	$28.58.10$	$\overline{1},685153 + 571 - 6$
	Somme.	$\overline{1},533451$		$\overline{2},758217$

$$\log\sin\frac{P}{2} = \overline{1},766725 + 439 - 5 \qquad \log\sin\frac{P}{2} = \overline{1},379108 + 1281 - 35$$

$$\frac{P}{2} = 2°23'02'',90 \qquad\qquad \frac{P}{2} = 0°55'24'',15$$

$$P = 4^h 46^m 05^s,80 \qquad\qquad P = 1^h 50^m 48^s,30$$

Lieu …	Nov. 16^j $19^h 13^m 54^s,20$ T. v.	Nov. 16^j $22^h 09^m 11^s,70$ T. v.
Équation …	$+ 11.45.06,11$	$+ 11.45.07,57$
Lieu …	Nov. $16.18.59.00,3$ T. m.	Nov. $16.21.54.19,3$ T. m.
Paris …	Nov. $16.14.23.48,2$	Nov. $16.17.20.17,3$
Longitude …	$L = 4.35.12,1$ E.	$L' = 4.34.02,0$ E.
Chang^t long. O …	$\gamma = -9,6$	$L + \gamma = 4.35.02,5$ E.
	$L + \gamma = 4.35.02,5$	$L' - (L + \gamma) = -60,5$

On calcule les coefficients à l'aide des différences logarithmiques.

On trouve les coefficients et, par suite, les résultats que donne l'emploi des Tables de Callet.

76. *Étude des influences des erreurs d'observation sur la détermination du point observé. — Choix des époques d'observation.* — Pour la première observation, l est la latitude estimée du lieu, Z est l'azimut de l'astre,

S l'erreur sur la hauteur vraie; S', Z' sont les quantités analogues pour la seconde observation.

Le changement en latitude dans l'intervalle des observations est λ.

On nomme y la correction que doit subir, à cause des erreurs de l'observation, la correction Y de la latitude estimée l, et x la correction que doit subir la longitude rectifiée du second lieu d'observation.

On a trouvé (**60 et 61**)

$$y = \frac{cS - kS'}{a - b}, \quad x = \frac{bcS - akS'}{a - b}.$$

La quantité y est exprimée en minutes de degré, la quantité x en secondes de temps.

Les valeurs des coefficients a, b, c, k, dans le calcul d'angle au pôle, sont

$$a = \frac{4\cot Z}{\cos l}, \quad c = -\frac{4}{\sin Z \cos l}, \quad b = \frac{4\cot Z'}{\cos(l + \lambda)}, \quad k = -\frac{4}{\sin Z' \cos(l + \lambda)},$$

et représentent des secondes de temps.

Les erreurs S, S' sont exprimées en minutes de degré.

77. Si l'on suppose les observations faites dans le même lieu, c'est-à-dire $\lambda = 0$, ou si l'on suppose λ assez petit pour qu'on puisse, sans erreur sensible, considérer $\cos l$, $\cos(l + \lambda)$ comme égaux, les formules

$$y = \frac{cS - kS'}{a - b}, \quad x = \frac{bcS - akS'}{a - b},$$

quand on y remplace les coefficients a, b, c, k par leurs valeurs pour mettre les azimuts en évidence, deviennent

$$y = \frac{S' \sin Z - S \sin Z'}{\sin(Z' - Z)}, \quad x = \frac{4}{\cos l} \cdot \frac{S' \cos Z - S \cos Z'}{\sin(Z' - Z)}.$$

La question à résoudre est la suivante :

Une première observation étant faite, quelles sont les circonstances favorables à la seconde observation?

Rigoureusement, on appelle *circonstances favorables à un calcul* les circonstances pour lesquelles les erreurs des données entraînent sur les résultats des erreurs nulles ou minima.

78. Pour les observations faites d'un même côté du méridien, les azimuts sont considérés comme ayant même signe; on a

$$y = \frac{S' \sin Z - S \sin Z'}{\sin(Z' - Z)}, \quad x = \frac{4}{\cos l} \cdot \frac{S' \cos Z - S \cos Z'}{\sin(Z' - Z)},$$

et les accroissements Δy, Δx, pour un accroissement $\Delta Z'$ de l'azimut de la seconde observation, sont

$$\Delta y = \frac{\sin Z}{\sin^2(Z' - Z)} \, [S - S' \cos(Z' - Z)] \, \Delta Z',$$

$$\Delta x = \frac{4 \cos Z}{\cos l \sin^2(Z' - Z)} [S - S' \cos(Z' - Z)] \Delta Z'.$$

79. Quand les observations sont faites de différents côtés du méridien, on convient, pour combiner les azimuts, de regarder comme positifs les azimuts des observations faites dans l'est du méridien, comme négatifs les azimuts des observations faites dans l'ouest du méridien. On a

$$y = - \frac{S' \sin Z + S \sin Z'}{\sin(Z' + Z)}, \quad x = - \frac{4}{\cos l} \cdot \frac{S' \cos Z - S \cos Z'}{\sin(Z' + Z)},$$

$$\Delta y = \frac{\sin Z}{\sin^2(Z' + Z)} \, [S - S' \cos(Z' + Z)] \, \Delta Z',$$

$$\Delta x = \frac{4 \cos Z}{\cos l \sin^2(Z' + Z)} [S - S' \cos(Z' + Z)] \Delta Z'.$$

80. Les quantités x, y sont nulles quand on peut poser

$$\text{pour } y \ldots\ldots\ldots\ldots\ldots \sin Z' = \frac{S'}{S} \sin Z,$$

$$\text{pour } x \ldots\ldots\ldots\ldots\ldots \cos Z' = \frac{S'}{S} \cos Z,$$

et tirer de ces égalités des valeurs possibles pour Z'.

Les quantités x, y ont un minimum quand on peut, pour des observations de même espèce, poser

$$\cos(Z' - Z) = \frac{S}{S'}$$

ou, pour les observations faites de différents côtés du méridien,

$$\cos(Z' + Z) = \frac{S}{S'},$$

et conclure des valeurs de $(Z' - Z)$ ou $(Z' + Z)$ une valeur possible pour Z'.

Quand les quantités x, y sont nulles, les époques auxquelles elles s'annulent ne concordent pas.

Les époques auxquelles les quantités x, y sont nulles ou ont un minimum dépendent absolument du rapport par quotient des erreurs S, S' sur les hauteurs vraies et non de la différence de ces erreurs.

Le rapport des erreurs S, S' est toujours inconnu; il est d'ailleurs très-variable, quel que soit l'observateur. Si l'on suppose, par exemple, une erreur $+10''$ sur l'une des hauteurs vraies, il peut arriver, quelle que soit l'habileté de l'observateur, que l'erreur sur l'autre hauteur vraie varie entre $-10''$ et $+10''$, c'est-à-dire que le rapport des erreurs S, S' prenne toutes les valeurs possibles.

On ne peut donc en aucune façon fixer l'époque à laquelle il faut faire la seconde observation pour que les quantités x, y soient nulles ou soient minima.

La seule indication formelle fournie par les valeurs de x, y est que la seconde observation ne doit pas être faite pour des observations d'un même côté du méridien quand les azimuts diffèrent peu, ou pour des observations de différents côtés du méridien quand la somme des azimuts est voisine de 180°. Pour $Z' - Z = 0°$ dans le premier cas, pour $Z' - Z = 180°$ dans le second cas, les valeurs x, y sont infinies.

81. Les valeurs numériques de x, y, quand on peut poser

$$\cos(Z' \pm Z) = \frac{S}{S'}$$

et conclure de la valeur $Z' \pm Z$ une valeur possible pour Z', sont

$$y = - S' \cos Z', \quad x = \frac{4 S' \sin Z'}{\cos l}.$$

82. Si l'angle des verticaux d'observation est $90°$, on a, pour les observations d'un même côté du méridien,

$$y = S' \sin Z - S \cos Z, \quad x = - \frac{4}{\cos l} (S' \cos Z + S \sin Z),$$

et, pour les observations de côtés différents du méridien,

$$y = - (S' \sin Z + S \cos Z), \quad x = - \frac{4}{\cos l} (S' \cos Z - S \sin Z).$$

83. Si, pour des observations d'un même côté du méridien, la somme des azimuts est $180°$, on a

$$y = \frac{S' - S}{2 \cos Z}, \quad x = \frac{S' + S}{2 \sin Z \cos l},$$

et si, pour des observations de côtés différents du méridien, les azimuts sont égaux,

$$y = - \frac{S' + S}{2 \cos Z}, \quad x = - \frac{S' - S}{2 \sin Z \cos l}.$$

A propos du facteur $\sin Z$ qui se trouve ici au dénominateur de x, il faut remarquer que la méthode que nous employons pour déterminer le point observé ne peut être appliquée que pour des observations un peu éloignées du méridien, pour des observations telles, que la hauteur observée diffère de la hauteur méridienne de $0°48'$ au moins si l'on se sert des Tables de logarithmes de Callet, de $1°11'$ au moins si l'on se sert des Tables de logarithmes de M. V. Caillet. Or de la formule

$$\cos \delta = \sin l \sin h + \cos l \cos h \cos Z$$

on tire, en considérant Z comme fonction de la variable indépendante h,

$$\Delta Z = \frac{\cos A}{\sin P \cos l} \Delta h,$$

et, près du méridien supérieur, P est voisin de 0°, et A est voisin de 0° ou 180°.

Le mouvement azimutal aux environs du méridien est rapide, et, après un mouvement en hauteur de 0°48′ ou de 1°11′, c'est-à-dire à l'instant de l'observation la plus voisine du méridien, la quantité $\sin Z$ est petite, mais n'est pas nulle.

84. Si la seconde observation était faite au méridien supérieur, on aurait

$$y = \pm S', \quad x = \pm \frac{4}{\cos l}(S'\cos Z \pm S),$$

les signes supérieurs convenant au cas où l'astre passe au méridien supérieur entre le zénith et l'horizon du lieu, les signes inférieurs au cas où l'astre passe au méridien supérieur entre le pôle élevé et le zénith du lieu.

85. *Étude des influences des erreurs de l'estime sur la détermination du point observé. Choix des époques d'observation.* — Soient γ' l'erreur sur le déplacement en longitude donné par l'estime, λ' l'erreur sur le déplacement en latitude donné par l'estime.

La quantité γ' est exprimée en secondes de temps, la quantité λ' en minutes de degré.

On nomme $y_{\text{\tiny{1}}}$ et x les corrections que doivent subir, à cause des erreurs de l'estime, la latitude et la longitude du second lieu d'observation.

La quantité $y_{\text{\tiny{1}}}$ est exprimée en minutes de degré, la quantité x en secondes de temps.

On a trouvé (60 et 61) les formules

$$y_{\text{\tiny{1}}} = -\lambda' + \frac{\gamma' - b\lambda'}{a - b}, \quad x = \frac{b}{a-b}(\gamma' - a\lambda').$$

Les coefficients a, b sont exprimés en secondes de temps et ont pour valeurs, dans le calcul de l'angle au pôle,

$$a = \frac{4\cot Z}{\cos l}, \quad b = \frac{4\cot Z'}{\cos(l + \lambda + \lambda')}.$$

Les azimuts de l'astre, lors de la première et de la seconde observation, sont Z, Z'. Le déplacement en latitude dans l'intervalle des observations est $\lambda + \lambda'$. Nous supposerons $\lambda + \lambda'$ assez petit pour qu'on puisse, sans erreur sensible, considérer comme égales les quantités $\cos l$, $\cos(l + \lambda + \lambda')$.

Si, dans les valeurs de y_i et x, on met les azimuts en évidence, on obtient

$$y_i = -\lambda' + \frac{\sin Z}{\sin(Z' - Z)}\left(\frac{\gamma'}{4}\cos l \sin Z' - \lambda' \cos Z'\right),$$

$$x = \frac{4}{\cos l} \cdot \frac{\cos Z'}{\sin(Z' - Z)}\left(\frac{\gamma'}{4}\cos l \sin Z - \lambda' \cos Z\right),$$

formules qui conviennent au cas où les deux observations sont faites d'un même côté du méridien.

Si les observations sont faites de côtés différents du méridien, les formules deviennent

$$y_i = -\lambda' + \frac{\sin Z}{\sin(Z' + Z)}\left(\frac{\gamma'}{4}\cos l \sin Z' + \lambda' \cos Z'\right),$$

$$x = \frac{4}{\cos l} \cdot \frac{\cos Z'}{\sin(Z' + Z)}\left(\frac{\gamma'}{4}\cos l \sin Z - \lambda' \cos Z\right).$$

La seule indication formelle fournie par les valeurs de y_i et x est que la seconde observation ne doit, dans aucun cas, être faite pour des observations d'un même côté du méridien quand les azimuts diffèrent peu, ou pour des observations de différents côtés du méridien quand la somme des azimuts est voisine de 180°. Pour $Z' - Z = 0°$ dans le premier cas, pour $Z + Z' = 180°$ dans le second cas, les valeurs de x, y_i deviennent infinies.

Il y aura avantage à faire l'une des observations aussi près que possible du méridien, l'autre aussi près que possible du premier vertical, et à disposer les observations de telle sorte que a, b aient des signes contraires.

86. On peut mettre sous une autre forme les formules qui précèdent.

Soient, pendant l'intervalle de temps qui s'écoule entre les observations,

m le nombre des milles parcourus;

R l'angle de route vrai suivi.

Soient m', R' les erreurs commises sur m, R; les quantités m', R' sont exprimées en minutes de degré.

On a, γ étant exprimé en secondes de temps,

$$\lambda = m \cos R, \quad \frac{\gamma}{4} \cos\left(l + \frac{\lambda}{2}\right) = \text{chemin E. O.} = m \sin R.$$

Puisque γ', λ' représentent les erreurs commises sur γ et λ, on obtient, en dérivant,

$$\frac{\gamma'}{4} \cos l = m' \sin R + m R' \cos R \sin \imath',$$

$$\lambda' = m' \cos R - m R' \sin R \sin \imath'.$$

Si l'on substitue ces valeurs dans les expressions de y_i et x, on obtient, toutes réductions faites :

Pour les observations d'un même côté du méridien,

$$y_i = -\lambda' + \frac{m \sin Z \cos(Z' + R)}{\sin(Z' - Z)} \left(R' \tang(Z' + R) \sin \imath' - \frac{m'}{m} \right),$$

$$x = \frac{4}{\cos l} \cdot \frac{m \cos Z' \cos(Z + R)}{\sin(Z' - Z)} \left(R' \tang(Z + R) \sin \imath' - \frac{m'}{m} \right);$$

Pour les observations de différents côtés du méridien,

$$y_i = -\lambda' - \frac{m \sin Z \cos(R - Z')}{\sin(Z' + Z)} \left(R' \tang(R - Z') \sin \imath' - \frac{m'}{m} \right),$$

$$x = -\frac{4}{\cos l} \cdot \frac{m \cos Z' \cos(Z + R)}{\sin(Z' + Z)} \left(R' \tang(R + Z) \sin \imath' - \frac{m'}{m} \right).$$

Si l'on admet, au point de vue pratique, que l'erreur sur l'angle de route est assez forte, et à cause de la difficulté de conserver le même cap et à cause des erreurs de la variation et de la dérive, on peut conclure qu'une bonne circonstance est celle où l'angle de route vrai direct et l'azimut de la première observation sont supplémentaires, pour soustraire la longitude calculée aux erreurs de l'estime. L'angle de route vrai direct et l'azimut de la seconde observation doivent être égaux ou supplémentaires, suivant l'espèce des observations par rapport au méridien, pour soustraire la latitude calculée aux erreurs de l'estime.

87. *Choix, pour la détermination du point observé à l'aide de deux hauteurs extra-méridiennes, des époques d'observation, eu égard aux influences sur les résultats des erreurs de l'estime et de l'observation.* — Rigoureusement, on appelle *circonstances favorables aux observations* les circonstances pour lesquelles les erreurs sur les données des calculs entraînent sur les résultats des erreurs nulles ou minima.

La seule indication formelle fournie par la théorie, dans la question qui nous occupe, est la suivante :

La seconde observation ne doit pas être faite, pour des observations d'un même côté du méridien, quand les azimuts diffèrent peu, ou pour des observations de différents côtés du méridien, quand la somme des azimuts est voisine de 180°. Pour $Z' - Z = 0°$ dans le premier cas, pour $Z' + Z = 180°$ dans le second cas, les influences des erreurs d'observation et des erreurs de l'estime sur les résultats sont infiniment grandes.

On doit toujours se conformer à l'indication qui précède.

La théorie indique encore qu'il y a avantage, pour soustraire les résultats aux influences de l'estime, à faire l'une des observations quand l'azimut est le plus voisin possible de 90° et l'autre observation le plus près possible du méridien; on dispose les observations de telle sorte que a, b aient des signes contraires.

On peut, pour être sûr de ne pas observer dans les circonstances qu'il faut absolument laisser de côté, prendre pour règle d'observer dans deux verticaux dont l'angle est 90°; l'incertitude où l'on est toujours sur les valeurs et sur les signes de γ', λ', S, S' indique cette règle comme donnant, d'après les formules, les meilleurs résultats probables. Les circonstances sont très-bonnes; on ne peut pas rigoureusement les appeler *circonstances favorables*.

Au point de vue pratique du calcul, les formules indiquent que les observations, pour donner des résultats satisfaisants, doivent être faites dans des circonstances telles, que la quantité $(a - b)$ ait une grandeur convenable.

D'ailleurs on pourra toujours fixer les limites supérieures probables des erreurs γ', λ', S, S', les affecter de signes défavorables et, à l'aide des formules

$$y_1 = -\lambda' + \frac{\gamma' - b\lambda'}{a - b} + \frac{cS - kS'}{a - b},$$

$$x = \frac{b(\gamma' - a\lambda')}{a - b} + \frac{bcS - akS'}{a - b},$$

obtenir l'influence maximum des erreurs de l'observation et de l'estime sur les résultats obtenus.

88. *Détermination du point observé à l'aide de la hauteur méridienne et d'une hauteur extra-méridienne d'un même astre ou de deux astres différents.* — Les corrections y_1 et x que doivent subir, eu égard aux erreurs de l'estime et de l'observation, la latitude et la longitude calculées du second lieu d'observation, sont, dans le cas général (**60** et **61**),

$$y_1 = -\lambda' + \frac{\gamma' - b\lambda'}{a - b} + \frac{cS - kS'}{a - b},$$

$$x = \frac{b(\gamma' - a\lambda')}{a - b} + \frac{bcS - akS'}{a - b}.$$

On peut les mettre sous la forme

$$y_1 = -\lambda' + \frac{\dfrac{\gamma'}{b} - \lambda'}{\dfrac{a}{b} - 1} + \frac{\dfrac{c}{b}S - \dfrac{k}{b}S'}{\dfrac{a}{b} - 1}.$$

$$x = \frac{\gamma' - a\lambda'}{\dfrac{a}{b} - 1} + \frac{cS - \dfrac{k}{b}aS'}{\dfrac{a}{b} - 1}.$$

On a les égalités

$$b = \frac{4\cot Z'}{\cos l}, \quad k = -\frac{4}{\sin Z' \cos l}, \quad \frac{k}{b} = -\frac{1}{\cos Z'}.$$

Si l'on suppose la seconde observation faite à l'instant du passage au méridien supérieur, on a

$$b = \pm \infty, \quad \frac{k}{b} = \mp 1,$$

les signes supérieurs convenant au cas où l'astre passe au méridien supérieur entre le pôle élevé et le zénith, cas où l'azimut au méridien supérieur est 0°; les signes inférieurs convenant au cas où l'astre passe au méridien supérieur entre le zénith et l'équateur, cas où l'azimut au méridien supérieur est 180°.

Les formules deviennent

$$y_1 = \mp S', \quad x = -\gamma' + a\lambda' - cS \mp aS'.$$

Ce sont les valeurs qu'on obtient directement.

En effet, l'erreur sur la hauteur méridienne et l'erreur sur la latitude qu'on en déduit ont toujours même valeur, mais leurs signes peuvent différer : elles ont même signe quand l'astre passe au méridien supérieur entre le pôle et le zénith; elles ont des signes contraires quand l'astre passe au méridien supérieur entre le zénith et l'équateur. Ainsi

$$y_1 = \mp S'.$$

Si λ' est l'erreur sur le déplacement en latitude estimée pendant l'intervalle des observations, l'erreur sur la latitude estimée du calcul de longitude est $-\lambda' \mp S'$.

La longitude exacte de l'observation méridienne est

$$L + \gamma + \gamma' + a(\mp S' - \lambda') + cS$$

et, par suite, la correction due aux erreurs de l'estime et de l'observation est

$$x = -\gamma' + a(\lambda' \pm S') - cS,$$

ou, si l'on met l'azimut en évidence,

$$x = -\gamma' + \frac{4\cot Z}{\cos l}(\lambda' \pm S') + \frac{4S}{\sin Z \cos l}.$$

La circonstance rigoureusement favorable pour soustraire la longitude calculée aux influences des erreurs de l'estime et de l'observation

méridienne est celle où l'observation extra-méridienne est faite quand
l'azimut est aussi voisin que possible de 90°.

89. *Détermination, à l'aide de deux hauteurs extra-méridiennes, de la
longitude et de l'heure d'un lieu.* — Un premier calcul d'heure avec les
données

h, hauteur vraie du centre de l'astre,
δ, distance polaire de l'astre,
l, latitude estimée du premier lieu d'observation,

donne l'heure temps moyen calculée H du premier lieu d'observation.

Si Y, S représentent, en minutes de degré, les erreurs sur la latitude estimée, sur la hauteur vraie,

$$\text{Heure exacte du premier lieu} = H + aY + a'Y^2 + cS.$$

Soient λ le changement en latitude, γ le changement en longitude
pendant l'intervalle des observations.

La quantité λ est exprimée en minutes de degré, la quantité γ est exprimée en secondes de temps.

Soient λ', γ' les erreurs dues à l'estime sur les déplacements λ, γ.

Un second calcul d'heure avec les données

h', hauteur vraie du centre de l'astre,
δ', distance polaire de l'astre,
$l + \lambda + \lambda'$, latitude estimée du second lieu d'observation,

donne l'heure temps moyen calculée H' du second lieu d'observation.

L'erreur sur la hauteur h' est S'; l'erreur sur la latitude estimée
$l + \lambda + \lambda'$ est $Y + \lambda'$. On a

$$\text{Heure exacte du second lieu} = H' + b(Y + \lambda') + kS' + b'(Y + \lambda')^2.$$

Des heures lues au chronomètre lors de chacune des observations
on peut déduire l'intervalle observé I_0 écoulé entre les deux observations; soit i l'erreur sur l'intervalle observé.

L'intervalle calculé est $I_c = H' - (H + \gamma)$.

On conclut

$$H + \gamma + \gamma' + a\,Y + a'\,Y^2 + c\,S + I_0 + i = H' + b(Y + \lambda') + b'(Y + \lambda')^2 + k\,S'.$$

On déduit de cette égalité

$$Y = \frac{H' - (H + \gamma) - I_0}{a - b} - \frac{\gamma' + i - b\lambda'}{a - b} - \frac{cS - kS'}{a - b} - \frac{a'Y^2 - b'(Y + \lambda')^2}{a - b}$$

ou

$$Y = \frac{I_e - I_0}{a - b} - \frac{\gamma' + i - b\lambda'}{a - b} - \frac{cS - kS'}{a - b} - \frac{a'Y^2 - b'(Y + \lambda')^2}{a - b}.$$

Si les erreurs de l'estime sur les déplacements dans l'intervalle des observations, si les erreurs sur les hauteurs vraies étaient nulles, on aurait une valeur approchée de Y en posant

$$Y_1 = \frac{I_e - I_0}{a - b}$$

et une seconde valeur plus approchée

$$Y_2 = Y_1 - \frac{a' - b'}{a - b}\,Y_1^2.$$

L'heure du second lieu aurait pour valeur

$$\tfrac{1}{2}\left[H + \gamma + H' + I_0 + (a + b)\,Y + (a' + b')\,Y^2\right].$$

90. On trouverait, comme pour la détermination du point observé, les influences des erreurs de l'estime et de l'observation sur les résultats obtenus,

$$y_1 = -\lambda' + \frac{\gamma' + i - b\lambda'}{a - b} + \frac{cS - kS'}{a - b},$$

$$x = \frac{b(\gamma' + i - a\lambda')}{a - b} + \frac{bcS - akS'}{a - b}.$$

Les circonstances favorables aux observations sont les mêmes que pour la détermination du point observé.

91. *Emploi des hauteurs de deux astres différents.* — La méthode de la détermination du point observé, à l'aide de deux hauteurs extra-méridiennes, peut être appliquée aux observations de deux astres différents.

Les astres sont choisis de manière que les conditions indiquées pour les circonstances d'observation soient remplies.

L'emploi de deux hauteurs presque simultanées de deux astres différents rend nulles ou insignifiantes les erreurs dues à l'estime.

APPENDICE.

CONVERGENCE DES SÉRIES EMPLOYÉES.

1. *Théorèmes sur les séries.* — Considérons la série

$$u_1, \ u_2, \ u_3, \ u_4, \ldots, \ u_n, \ldots,$$

et rappelons les énoncés des deux théorèmes suivants sur la convergence des séries :

1° Une série à termes de même signe est convergente quand, à partir d'une certaine valeur de n, le rapport $\frac{u_{n+1}}{u_n}$ d'un terme de la série à celui qui le précède immédiatement demeure constamment inférieur à un nombre k moindre que 1.

Le reste R_n de la série, quand on s'arrête, pour sommer, au terme de rang n inclusivement, est

$$R_n < \frac{k u_n}{1 - k}.$$

2° Une série à termes de signes différents est convergente quand les valeurs numériques absolues de ses termes forment une série convergente.

Le reste d'une série à termes de signes différents est moindre que le reste de la série convergente formée par les valeurs numériques absolues de ses termes.

2. *Différences premières, différences secondes des log sinus, des log cosinus.* — On a obtenu (8), pour une variation quelconque Δx de

8

l'arc x, les égalités

$$\Delta \log \sin x - \tfrac{1}{2}\Delta^2 \log \sin(x-\Delta x) = + \mathrm{M}\, \mathrm{tang}\,\Delta x\, \cot x - \frac{\mathrm{M}}{3}\, \mathrm{tang}^3\Delta x\, \cot^3 x + \dots,$$

$$\Delta \log \cos x - \tfrac{1}{2}\Delta^2 \log \cos(x-\Delta x) = - \mathrm{M}\, \mathrm{tang}\,\Delta x\, \mathrm{tang}\, x - \frac{\mathrm{M}}{3}\, \mathrm{tang}^3\Delta x\, \mathrm{tang}^3 x - \dots.$$

Les séries des seconds membres sont convergentes si l'on a, pour la première égalité,

$$\frac{u_{n+1}}{u_n} < 1 \quad \text{ou} \quad \frac{\dfrac{\mathrm{M}}{2n+1}\, \mathrm{tang}^{2n+1}\Delta x\, \cot^{2n+1} x}{\dfrac{\mathrm{M}}{2n-1}\, \mathrm{tang}^{2n-1}\Delta x\, \cot^{2n-1} x} < 1,$$

ou

$$\frac{2n-1}{2n+1}\, \mathrm{tang}^2\Delta x\, \cot^2 x < 1,$$

et, pour la seconde égalité,

$$\frac{2n-1}{2n+1}\, \mathrm{tang}^2\Delta x\, \mathrm{tang}^2 x < 1.$$

Par suite, les séries des deux égalités sont, *a fortiori*, convergentes quand on a, pour la première,

$$\mathrm{tang}\,\Delta x\, \cot x < 1 \quad \text{ou} \quad x > \Delta x,$$

et, pour la seconde,

$$\mathrm{tang}\,\Delta x\, \mathrm{tang}\, x < 1 \quad \text{ou} \quad x < 90^\circ - \Delta x.$$

Ainsi les séries sont convergentes : pour $\Delta x = 10''$ si l'arc x est compris entre $0^\circ 00' 10''$ et $89^\circ 59' 50''$, ou pour $\Delta x = 15''$ si l'arc x est compris entre $0^\circ 00' 15''$ et $89^\circ 59' 45''$.

3. Si, pour sommer, on s'arrête au premier terme de chacune des séries, on a, pour la première,

$$\frac{u_2}{u_1} = \tfrac{1}{3}\mathrm{tang}^2\Delta x\, \cot^2 x, \qquad \mathrm{R}_1 < \frac{\mathrm{M}\, \mathrm{tang}^3\Delta x\, \cot^3 x}{3 - \mathrm{tang}^2\Delta x\, \cot^2 x},$$

et, pour la seconde,

$$\frac{u_2}{u_1} = \tfrac{1}{3}\mathrm{tang}^2\Delta x\, \mathrm{tang}^2 x, \qquad \mathrm{R}_1 = \frac{\mathrm{M}\, \mathrm{tang}^3\Delta x\, \mathrm{tang}^3 x}{3 - \mathrm{tang}^2\Delta x\, \mathrm{tang}^2 x}.$$

Les Tables de logarithmes de François Callet, ainsi que celles de
M. V. Caillet, donnent les différences des $\log \sin$ et des $\log \cos$inus
avec sept décimales. Dans les calculs qui concernent ces différences
logarithmiques, il faut nécessairement poser R_1 inférieur à une demi-
unité du septième ordre décimal

$$R_1 < 0,00000005,$$

ou poser

$$\frac{M \tang^3 \Delta x \cot^3 x}{3 - \tang^2 \Delta x \cot^2 x} < 0,00000005, \qquad \frac{M \tang^2 \Delta x \tang^3 x}{3 - \tang^2 \Delta x \tang^2 x} < 0,00000005.$$

4. Des inégalités

$$\frac{M}{3} \tang^3 \Delta x \cot^3 x < 0,00000005, \qquad \frac{M}{3} \tang^3 \Delta x \tang^3 x < 0,00000005,$$

on a conclu (9) qu'on peut, dans les égalités qui nous occupent, négliger les termes qui contiennent les puissances de $\tang \Delta x$ supérieures
à la seconde si, quand $\Delta x = 10''$, l'arc x est compris entre $0° 23' 45''$
et $89° 36' 15''$, ou si, quand $\Delta x = 15''$, l'arc x est compris entre $0° 35' 37''$
et $89° 24' 23''$.

Pour ces valeurs limites de l'arc x, on a

$$\tang^2 \Delta x \cot^2 x < 0,0005, \quad \tang^2 \Delta x \tang^2 x < 0,0005,$$

et, par suite des inégalités

$$\frac{M \tang^2 \Delta x \cot^2 x}{3 - \tang^2 \Delta x \cot^2 x} < 0,00000005, \qquad \frac{M \tang^3 \Delta x \tang^3 x}{3 - \tang^2 \Delta x \tang^3 x} < 0,0000005,$$

on conclurait les mêmes limites.

5. On démontrerait de même la convergence des séries contenues
dans les seconds membres des égalités (8)

$$\Delta^2 \log \sin(x - \Delta x) - 2 \log \cos \Delta x = -M \tang^2 \Delta x \tang^2 x - \frac{M}{2} \tang^4 \Delta x \cot^4 x - \ldots,$$

$$\Delta^2 \log \cos(x - \Delta x) - 2 \log \cos \Delta x = -M \tang^2 \Delta x \tang^2 x - \frac{M}{2} \tang^4 \Delta x \tang^4 x - \ldots.$$

8.

Si, pour sommer, on s'arrête au premier terme de chacune des séries, on a, pour la première,

$$\frac{u_2}{u_1} = \tfrac{1}{2} \tang^2 \Delta x \cot^2 x, \qquad R_1 = \frac{M \tang^4 \Delta x \cot^4 x}{2 - \tang^2 \Delta x \cot^2 x},$$

et, pour la seconde,

$$\frac{u_2}{u_1} = \tfrac{1}{2} \tang^2 \Delta x \tang^2 x, \qquad R_1 = \frac{M \tang^4 \Delta x \tang^4 x}{2 - \tang^2 \Delta x \tang^2 x}.$$

On peut, dans les limites précédemment indiquées pour les valeurs de l'arc x, négliger, dans les égalités qui nous occupent, les termes qui contiennent les puissances de $\tang \Delta x$ supérieures à la seconde.

6. *Valeur du coefficient* $a = 4\,\dfrac{d\mathrm{P}}{dl}$. — Pour trouver la valeur du coefficient a, on a considéré (**25**) les trois égalités

$$\Delta \log \cos s - \tfrac{1}{2}\Delta^2 \log \cos(s - \Delta x) = -M \tang \Delta x \tang s - \frac{M}{3} \tang^3 \Delta x \tang^3 s - \ldots,$$

$$\Delta \log \sin(s - h) - \tfrac{1}{2}\Delta^2 \log \sin(s - h - \Delta x) = +M \tang \Delta x \cot(s - h) - \frac{M}{3} \tang^3 \Delta x \cot^3(s - h) + \ldots,$$

$$-\Delta \log \cos l + \tfrac{1}{2}\Delta^2 \log \cos(l - 2\Delta x) = +M \tang 2\Delta x \tang l + \frac{M}{2} \tang^3 2\Delta x \tang^3 l + \ldots,$$

dans chacune desquelles la série du second membre est une série convergente.

On a fait la somme de ces trois égalités

$$p - \tfrac{1}{2}p_2 = \begin{cases} - M \tang \Delta x \tang s - \dfrac{M}{3} \tang^3 \Delta x \tang^3 s - \ldots, \\[2mm] + M \tang \Delta x \cot(s - h) - \dfrac{M}{3} \tang^3 \Delta x \cot^3(s - h) + \ldots, \\[2mm] + M \tang 2\Delta x \tang l + \dfrac{M}{3} \tang^3 2\Delta x \tang^3 l + \ldots \end{cases}$$

La somme de trois séries convergentes est elle-même une série convergente, et le reste obtenu, en s'arrêtant, pour sommer, au premier terme de chacune des séries, est

$$R_{,} < \frac{M \, \tang^3 2\Delta x \, \tang^2 l}{3 - \tang^2 2\Delta x \, \tang^2 l} - \frac{M \, \tang^3 \Delta x \, \tang^3 s}{3 - \tang^2 \Delta x \, \tang^2 s} - \frac{M \, \tang^3 \Delta x \, \cot^3(s-h)}{3 - \tang^2 \Delta x \, \cot^2(s-h)}.$$

On peut, sans erreur sensible, écrire

$$\tang^3 2\Delta x \, \tang^3 l = 8 \tang^3 \Delta x \, \tang^3 l, \quad \tang^2 2\Delta x \, \tang^2 l = 4 \tang^2 \Delta x \, \tang^2 l;$$

car Δx est égal à $10''$ ou à $15''$, et la latitude est d'ordinaire inférieure à $90°$; par suite, on a

$$R_{,} < M \, \tang^3 \Delta x \left(\frac{8 \tang^3 l}{3 - 4 \tang^2 \Delta x \, \tang^2 l} - \frac{\tang^3 s}{3 - \tang^2 \Delta x \, \tang^2 s} - \frac{\cot^3(s-h)}{3 - \tang^2 \Delta x \, \cot^2(s-h)} \right),$$

ou, parce que, pour les valeurs limites des arcs s, $s-h$, les quantités $\tang^2 \Delta x \, \tang^2 x$ et $\tang^2 \Delta x \, \cot^2 x$ sont inférieures à $0,00005$,

$$R_{,} < \frac{M}{3} \, \tang^3 \Delta x [8 \tang^3 l - \tang^3 s - \cot^3(s-h)].$$

7. On considère encore, pour la détermination du coefficient $a = 4 \frac{d\mathrm{P}}{dl}$, l'égalité

$$\Delta \log \sin \frac{\mathrm{P}}{2} - \tfrac{1}{2} \Delta^2 \log \sin \left(\frac{\mathrm{P}}{2} - \Delta x \right) = M \, \tang \Delta x \cot \frac{\mathrm{P}}{2} - \frac{M}{3} \, \tang^3 \Delta x \, \cot^3 \frac{\mathrm{P}}{2} + \dots,$$

ou

$$d - \tfrac{1}{2} d_{,} = M \, \tang \Delta x \cot \frac{\mathrm{P}}{2} - \frac{M}{3} \, \tang^3 \Delta x \, \cot^3 \frac{\mathrm{P}}{2} + \dots.$$

8. On a rappelé (25) l'égalité

$$a = 4 \frac{d\mathrm{P}}{dl} = \frac{2 \left[2 \tang l - \tang s + \cot(s-h) \right]}{\cot \dfrac{\mathrm{P}}{2}},$$

et l'on a obtenu (26) la formule

$$a = 4 \frac{d\mathrm{P}}{dl} = \frac{2p - p_{,}}{d - \tfrac{1}{2} d_{,}}.$$

Par suite, l'erreur E commise sur la valeur du coefficient a est

$$E = \frac{2R_1}{d - \frac{1}{2}d_2} \quad \text{ou} \quad E < \frac{2}{3} \operatorname{tang}^2 \Delta x \operatorname{tang} \frac{P}{2} \cdot \frac{8 \operatorname{tang}^3 l - \operatorname{tang}^3 s - \cot^3(s - h)}{1 - \frac{1}{3} \operatorname{tang}^2 \Delta x \cot^2 \frac{P}{2} + \ldots},$$

ou, parce que, pour la valeur limite inférieure de $\frac{P}{2}$, la quantité $\operatorname{tang}^2 \Delta x \cot^2 \frac{P}{2}$ est inférieure à $0,00005$,

$$E < \frac{2}{3} \operatorname{tang}^2 \Delta x \operatorname{tang} \frac{P}{2} [8 \operatorname{tang}^3 l - \operatorname{tang}^3 s - \cot^3(s - h)].$$

9. La latitude l est d'ordinaire inférieure à $80°$.

Dans les cas les plus défavorables indiqués par les limites des arcs s, $s - h$, on trouve une limite supérieure pour E en posant

$$E < \frac{4}{3} \operatorname{tang}^2 \Delta x \operatorname{tang} \frac{P}{2} \operatorname{tang}^3 s \quad \text{ou} \quad E < \frac{4}{3} \operatorname{tang}^2 \Delta x \operatorname{tang} \frac{P}{2} \cot^3(s - h).$$

10. Les valeurs $s = 89°36'15''$, $s - h = 0°23'45''$ entraînent, pour la hauteur vraie h, la valeur $h = 89°12'30''$.

Si l'on fait un calcul d'angle au pôle avec les données

$$h = 89°12'30'', \quad \delta = 5°, \quad l = 85°,$$

on trouve

$$\frac{P}{2} < 4°32'48''.$$

11. Pour les valeurs

$$\Delta x = 10'', \quad \frac{P}{2} = 4°32'48'', \quad s = 89°36'15'', \quad s - h = 0°23'45'',$$

le calcul logarithmique donne

$$\tfrac{4}{3} \operatorname{tang}^2 \Delta x \operatorname{tang} \frac{P}{2} \operatorname{tang}^3 s < 0,0008 \quad \text{et} \quad \tfrac{4}{3} \operatorname{tang}^2 \Delta x \operatorname{tang} \frac{P}{2} \cot^3(s - h) < 0,0008,$$

ou enfin

$$E < 0,0008.$$

12. Ainsi, dans les cas les plus défavorables, l'erreur commise sur

la valeur du coefficient $a = 4\,\dfrac{d\mathrm{P}}{dl}$, en posant

$$a = 4\,\frac{d\mathrm{P}}{dl} = \frac{2p - p_2}{d - \frac{1}{2}d_2},$$

n'atteint jamais une unité décimale du troisième ordre.

13. *Valeur du coefficient* $a' = \frac{1}{2}\sin 1'\left(4\,\dfrac{d^2\mathrm{P}}{dl^2}\right)$. — Pour trouver la valeur du coefficient a', on a considéré (29) les trois égalités

$$\Delta^2 \log \cos(s - \quad \Delta x) = -\,\mathrm{M}\,\mathrm{tang}^2\,\Delta x\,\mathrm{tang}^2 s - \frac{\mathrm{M}}{2}\,\mathrm{tang}^4\,\Delta x\,\mathrm{tang}^4 s - \ldots,$$

$$\Delta^2 \log \sin(s - h - \Delta x) = -\,\mathrm{M}\,\mathrm{tang}^2\Delta x\,\cot^2(s - h) - \frac{\mathrm{M}}{2}\,\mathrm{tang}^4\Delta x\,\cot^4(s - h) - \ldots,$$

$$-\,\Delta^2 \log \cos(l - \quad 2\Delta x) = +\,\mathrm{M}\,\mathrm{tang}^2 2\,\Delta x\,\mathrm{tang}^2 l + \frac{\mathrm{M}}{2}\,\mathrm{tang}^4 2\,\Delta x\,\mathrm{tang}^4 l + \ldots,$$

dans chacune desquelles la série du second membre est convergente.

On a fait la somme de ces trois égalités

$$p_2 = \begin{cases} -\,\mathrm{M}\,\mathrm{tang}^2\Delta x\,\mathrm{tang}^2 s - \dfrac{\mathrm{M}}{2}\,\mathrm{tang}^4\Delta x\,\mathrm{tang}^4 s - \ldots, \\[2ex] -\,\mathrm{M}\,\mathrm{tang}^2\Delta x\,\cot^2(s - h) - \dfrac{\mathrm{M}}{2}\,\mathrm{tang}^4\Delta x\,\cot^4(s - h) - \ldots, \\[2ex] +\,\mathrm{M}\,\mathrm{tang}^2 2\Delta x\,\mathrm{tang}^2 l + \dfrac{\mathrm{M}}{2}\,\mathrm{tang}^4 2\Delta x\,\mathrm{tang}^4 l + \ldots. \end{cases}$$

La somme de trois séries convergentes est elle-même une série convergente, et le reste obtenu, en s'arrêtant, pour sommer, au premier terme de chacune des séries, est

$$\mathrm{R}_i = \frac{\mathrm{M}\,\mathrm{tang}^4 2\,\Delta x\,\mathrm{tang}^4 l}{2 - \mathrm{tang}^2 2\,\Delta x\,\mathrm{tang}^2 l} - \frac{\mathrm{M}\,\mathrm{tang}^4\Delta x\,\mathrm{tang}^4 s}{2 - \mathrm{tang}^2\Delta x\,\mathrm{tang}^2 s} - \frac{\mathrm{M}\,\mathrm{tang}^4\Delta x\,\cot^4(s - h)}{2 - \mathrm{tang}^2\Delta x\,\cot^2(s - h)}.$$

On peut, sans erreur sensible, écrire

$$\mathrm{tang}^4 2\Delta x\,\mathrm{tang}^4 l = 16\,\mathrm{tang}^4\Delta x\,\mathrm{tang}^4 l, \quad \mathrm{tang}^2 2\Delta x\,\mathrm{tang}^2 l = 4\,\mathrm{tang}^2\Delta x\,\mathrm{tang}^2 l;$$

car Δx est égal à $10''$ ou à $15''$, et la latitude est d'ordinaire inférieure à 80°; par suite, on a

$$R_1 = M \, \mathrm{tang}^4 \Delta x \left(\frac{16 \, \mathrm{tang}^4 l}{2 - 4 \, \mathrm{tang}^2 \Delta x \, \mathrm{tang}^2 l} - \frac{\mathrm{tang}^4 s}{2 - \mathrm{tang}^2 \Delta x \, \mathrm{tang}^2 s} - \frac{\mathrm{cot}^4 (s - h)}{2 - \mathrm{tang}^2 \Delta x \, \mathrm{cot}^2 (s - h)} \right),$$

ou, parce que, pour les valeurs limites des arcs s, $s - h$, les quantités $\mathrm{tang}^2 \Delta x \, \mathrm{tang}^2 x$ et $\mathrm{tang}^2 \Delta x \, \mathrm{cot}^2 x$ sont inférieures à 0,00005,

$$R_1 = \frac{M}{2} \, \mathrm{tang}^4 \Delta x \left[16 \, \mathrm{tang}^4 l - \mathrm{tang}^4 s - \mathrm{cot}^4 (s - h) \right].$$

14. On considère encore, pour la détermination du coefficient $a' = \frac{1}{2} \sin 1' \left(4 \frac{d^2 P}{dl^2} \right)$, l'égalité

$$\Delta \log \sin \frac{P}{2} - \frac{1}{2} \Delta^2 \log \sin \left(\frac{P}{2} - \Delta x \right) = M \, \mathrm{tang} \Delta x \, \mathrm{cot} \frac{P}{2} - \frac{M}{3} \, \mathrm{tang}^3 \Delta x \, \mathrm{cot}^3 \frac{P}{2} + \ldots,$$

ou

$$d - \frac{1}{2} d_2 = M \, \mathrm{tang} \Delta x \, \mathrm{cot} \frac{P}{2} - \frac{M}{3} \, \mathrm{tang}^3 \Delta x \, \mathrm{cot}^3 \frac{P}{2} + \ldots.$$

15. Supposons $\Delta x = 10''$.

On a indiqué (29) l'égalité

$$\left(4 \frac{d^2 P}{dl^2} \right) = \frac{4 \, \mathrm{tang}^2 l - \mathrm{tang}^2 s - \mathrm{cot}^2 (s - h)}{\mathrm{cot} \dfrac{P}{2}} + 2 \, \mathrm{tang} \frac{P}{2} + \frac{1}{8 \sin P} \left(4 \frac{dP}{dl} \right)^2,$$

et l'on a obtenu (30) la formule

$$a' = \frac{1}{2} \sin 1' \left(4 \frac{d^2 P}{dl^2} \right) = \frac{3 p_2}{d - \frac{1}{2} d_2} + \frac{\sin 1'}{8 \sin P} \left(4 \frac{dP}{dl} \right)^2.$$

Par suite, l'erreur E commise sur la valeur du coefficient a' est

$$E = \frac{3 R_1}{d - \frac{1}{2} d_2} \quad \text{ou} \quad E = \frac{3}{2} \, \mathrm{tang}^3 \Delta x \, \mathrm{tang} \frac{P}{2} \left(\frac{16 \, \mathrm{tang}^4 l - \mathrm{tang}^4 s - \mathrm{cot}^4 (s - h)}{1 - \frac{1}{3} \, \mathrm{tang}^2 \Delta x \, \mathrm{cot}^2 \frac{P}{2} + \ldots} \right),$$

ou, parce que, pour la valeur limite inférieure de $\frac{P}{2}$, la quantité $\text{tang}^2 \Delta x \, \text{cot}^2 \frac{P}{2}$ est inférieure à $0,00005$,

$$E < \tfrac{2}{7}\text{tang}^3 \Delta x \, \text{tang}\frac{P}{2}\left[16\,\text{tang}^4 l - \text{tang}^4 s - \text{cot}^4(s - h)\right].$$

16. La latitude l est d'ordinaire inférieure à 80°.

Dans les cas les plus défavorables indiqués par les limites des arcs s, $s - h$, on trouve une limite supérieure pour E en posant

$$E < 3\,\text{tang}^3 \Delta x \, \text{tang}\frac{P}{2}\,\text{tang}^4 s \quad \text{ou} \quad E < 3\,\text{tang}^3 \Delta x \, \text{tang}\frac{P}{2}\,\text{cot}^4(s - h).$$

17. Les valeurs $s = 89^\circ 36' 15''$, $s - h = 0^\circ 23' 45''$ entraînent, pour la hauteur vraie h, la valeur $h = 89^\circ 12' 30''$.

Si l'on fait un calcul d'angle au pôle avec les données

$$h = 89^\circ 12' 30'', \quad \delta = 5^\circ, \quad l = 85^\circ,$$

on trouve

$$\frac{P}{2} < 4^\circ 32' 48''.$$

18. Pour les valeurs

$$\Delta x = 10'', \quad \frac{P}{2} = 4^\circ 32' 48'', \quad s = 89^\circ 36' 15'', \quad s - h = 0^\circ 23' 45'',$$

le calcul logarithmique donne

$$3\,\text{tang}^3 \Delta x \, \text{tang}\frac{P}{2}\,\text{tang}^4 s < 0,00002 \quad \text{et} \quad 3\,\text{tang}^3 \Delta x \, \text{tang}\frac{P}{2}\,\text{cot}^4(s - h) < 0,00002.$$

19. Ainsi, dans les cas les plus défavorables, l'erreur commise sur la valeur du coefficient $a' = \tfrac{1}{2}\sin 1'\left(4\frac{d^2 P}{dl^2}\right)$ en posant

$$a' = \tfrac{1}{2}\sin 1'\left(4\frac{d^2 P}{dl^2}\right) = \frac{3p_2}{d - \frac{1}{2}d_2} + \frac{\sin 1'}{8\sin P}\left(4\frac{dP}{dl}\right)^2$$

n'atteint jamais une demi-unité décimale du quatrième ordre.

9

20. On a reconnu (49) que, d'après la manière pratique de déterminer les valeurs numériques des coefficients

$$a = 4\frac{d\mathbf{P}}{dl}, \quad a' = \tfrac{1}{3}\sin \iota'\left(4\frac{d^2\mathbf{P}}{dl'}\right),$$

on ne peut espérer connaître ces coefficients qu'avec une approximation
de $0^s,01$ ou $0^s,005$.

FIN.

TABLE DES MATIÈRES.

I.

PRÉLIMINAIRES.

DIFFÉRENCE PREMIÈRE, DIFFÉRENCE SECONDE D'UN LOGARITHME SINUS,
D'UN LOGARITHME COSINUS.

II.

EXPRESSION DE LA VARIATION DE L'ANGLE AU PÔLE D'UN ASTRE EN FONCTION DES VARIATIONS
DE LA LATITUDE DU LIEU D'OBSERVATION ET DE LA HAUTEUR DE L'ASTRE OBSERVÉ.

III.

DÉTERMINATION, EN FONCTION DES DIFFÉRENCES LOGARITHMIQUES, DES COEFFICIENTS
a, a', c DE LA VARIATION ΔP DE L'ANGLE AU PÔLE. — MOYEN DIRECT DE CALCULER
LES COEFFICIENTS a, a', c. — MÉTHODE ABRÉVIATIVE. — EXEMPLES NUMÉRIQUES.

Pages.

IV.

DÉTERMINATION DU POINT OBSERVÉ A L'AIDE DE DEUX HAUTEURS EXTRA-MÉRIDIENNES. — INFLUENCES DES ERREURS DE L'OBSERVATION ET DE L'ESTIME SUR LES RÉSULTATS OBTENUS. — CIRCONSTANCES FAVORABLES AUX OBSERVATIONS.

APPENDICE.

CONVERGENCE DES SÉRIES EMPLOYÉES.

909   PARIS. — IMPRIMERIE DE GAUTHIER-VILLARS, QUAI DES AUGUSTINS, 55.

www.ingramcontent.com/pod-product-compliance
Ingram Content Group UK Ltd.
Pitfield, Milton Keynes, MK11 3LW, UK
UKHW022127070726
13613UKWH00003B/1272